クォンタム思考

量子思考

跳脫常識，在沒有答案的世界裡找到自己的路

Google 前副董事長 村上憲郎 Norio Murakami ——— 著

林詠純 ——— 譯

前言
在沒有正確解答的時代裡，找到解決方法

　　這本書要介紹的是：

　　‧面對不知道是否有正確答案的課題時，找到正確解答的方法。

　　或者是：

　　‧在乍看仍持續著「成功」的情況下，早一步發現課題的方法。

　　我將這樣的思考法命名為**「量子思考」**。

　　如果你不畏懼波濤洶湧的變化，想往前踏出一步；如果你積極看待新技術的登場，想提升自己的能力以熟練運用；如果你立志創業與革新，那麼我希望你能拿起這本書。

　　不知從什麼時候開始，大家習慣把「失落的 10 年」掛在嘴邊，後來不知不覺變成「20 年」，轉眼間又變成了「30 年」。在長達 30 年的時間裡，萬物皆漲，但薪水不漲，再怎麼救經濟，

效果都很有限，可說是大家最直截了當的感受。

　　為什麼會變成這樣呢？我想已經有人列出許多原因，如果非得提出一項，我認為應該是這樣的：

　　就日本的情況來說，從 150 年前的明治維新以來，彷彿就像是在「超英趕美」似的，致力於解決「開發中國家」所背負的課題。最快的方法，就是盡可能更快引進更多歐美等已開發國家所找到的「正確答案」。

　　這種方式確實奏效，讓日本在 20 世紀初成功邁向「近代化」，躋身足以與歐美列強比肩的行列。只是「成功」也因為第 2 次世界大戰的緣故，不得不在 75 年前重新來過。

　　這時人們所採用的速成方法，同樣是盡可能以更快的速度，更大量地引進歐美各國所發展出的各種民主制度、企業經營與技術開發法，並把它們當成「正確答案」。

　　這種方式再度奏效，日本在 1980 年代成為全球第 2 經濟大國，經濟榮景攀升到前所未有的巔峰。

　　但正如大家所知道的，後來泡沫經濟崩潰，接著又遭遇金融危機，日本陷入人稱「失落的 30 年」的經濟停滯期，而且再也無法脫離。為什麼呢？因為日本已不再是開發中國家，也不

是戰敗國，而是成為「課題」的「已開發國家」。

因此我認為，「失落數十年」唯一的原因，在於**現在的我們必須面對的，是不管再怎麼找都沒有前例可循的課題；而別人已經發現的「正確答案」，根本無法有效處理這種狀況。**

我決定在這本書提出「量子思考」的建議，也是基於這樣的背景。

「量子」是「quantum」一詞的翻譯，書中將會對此進行詳細的說明。

最近報紙經常報導的**量子電腦**，是備受期待的次世代電子計算機。剛好現在也是量子電腦登場的時機，因此我想趁著這次機會介紹「量子思考」。

我想各位都曾聽過，現在的電子計算機，使用的是 0 與 1 這兩種位元（2 進位的一位）來運算。至於量子電腦，則使用量子位元（quantum bit）來運算。讀到這裡，看到「位元（2 進位的一位）」這些字眼，或許會想：

「嗯，雖然聽過，但我是文組的，不必懂這麼多也沒關係。」

其實本書撰寫時，也考慮到許多讀者很容易產生這種想法。

前面闡述了我對「失落的 30 年」的看法。我認為，許多人

所擁有的「數理恐懼症」也是根本原因之一；此外，**克服「數理恐懼症」也可說是量子思考的第一步。**

不過，本書並沒有打算一味貶低數理恐懼症，而是在充分考慮這種狀態確實存在的情況下，**循序漸進地介紹有關數理的內容**，所以請不要太害怕，鼓起勇氣讀下去。

當然，考慮到也有理工背景的讀者，針對這些讀者閱讀時可能會有的發現和理解，因此撰寫時，同時也埋入了許多課題，等待各位讀者的挑戰。

而所謂「循序漸進」是什麼樣的方式呢？那就是：

「首次閱讀本書時，有些地方可以跳過。」

為了讓讀者知道哪些地方可以跳過，書中也做了「記號」。

稍微難的部分，
會用對話框告訴大家「跳過也沒關係」。

換個說法，就是「第 2 次讀的時候，請試著努力讀讀看」。本書採用這樣的編排，就是希望大家讀第 2 次時，可以「循序漸進」加深對數理相關內容的理解。

當然，即使第 1 次閱讀時並沒有跳著讀，本書在理科相關內容的編寫上依然會注意要循序漸進。

　　說明數理內容時，如果遇到「無論如何，還是用公式說明比較清楚」的部分，仍會出現簡單的公式，但都不超過**國高中數理科**的範圍。在公式登場前，也會解說相關使用規則等，所以請務必當成克服數理恐懼症的好機會。

　　進行論述時，本書會盡可能避免「大量使用數理詞彙以當成障眼法」，把意義不明，甚至缺乏內容的言論，寫得好像有多意味深長似的。**本書雖是介紹思考法的書籍，但仍有不得不介紹公式的必要性，正是因為絕對想避免出現這種詐術。**

　　只需要理解最低限度且必要的數理內容，就能往下讀，這是我對本書的期許。就這個目的來看，也希望各位非理科出身的讀者能鼓起勇氣，在閱讀本書的過程中，克服對數理的恐懼。

　　面對不知道有無正確答案的課題時，希望本書能幫助各位提升靠自己的大腦思考的能力；在看不見未來的時代，也能鼓起勇氣、往前踏出一步。

第 **1** 章　洞見未來的「量子思考」

第 **2** 章　「跳脫常識」到底是什麼感覺？

第 **5** 章
透過「量子思考」解讀
商業與科技的現在與未來

終章　量子思考創造的未來

第 **1** 章

洞見未來的
「量子思考」

在 Google
見證所謂的「跳脫常識」

　　從以前到現在，我曾看過好幾位懷著創新想法開拓時代的年輕人。

　　帶給他們這些想法的思維，奠基於「跳脫常識」的世界。他們彷彿穿越到幾十年後的時代，看見了未來的社會。

　　本書稱這種**無與倫比、彷彿跳脫常識般的思考為「量子思考」**。首先，為了讓各位讀者感受一下這到底是怎樣的一種思考，以下將介紹幾位天才的事例——就我的角度來看，他們都是依據「量子思考」採取行動。

事例 1

如何從「理所當然」中誕生新的價值？
「寶可夢 GO」與約翰・漢克

　　我想大家都很熟悉「寶可夢 GO」這款風靡全球的手機遊

戲才對。

這款擁有超高人氣、讓全世界為之瘋狂的手機遊戲，可說**「沒有 Google 就不可能開發出來」**。因為這款遊戲必須使用 Google Map 這款地圖 app……但不只是這個原因。

故事首先就從這裡開始。

這款遊戲是由約翰・漢克（John Hanke）與他所成立的公司 Niantic 開發製作。約翰・漢克原本是「Keyhole」這家以地圖服務為主力的新創企業執行長；而 Keyhole 開發的地理資訊 app（名稱也叫「Keyhole」）正是「Google Earth」的基礎。

約翰對地圖非常熱衷。

他所抱持的想法是：「我想做出全世界最有趣的地圖！」

Google 從約翰所製作的地圖中看見可能性，在 2004 年併購了 Keyhole。至於約翰・漢克，則成為統籌 Google 地圖與位置資訊處理團隊的副總裁，催生了 Google 最具代表性的地圖服務 Google Earth、Google Map 與 Google Street View。

約翰的想法跳脫了傳統地圖概念的框架，長期擔任 Google 內部地圖團隊的核心人物。

接著，我們具體來看約翰的想法是如何展開的。

首先，他運用從宇宙俯瞰地球的照片（也就是衛星影像），開發出能看見世界每個角落的「Google Earth」。由於這項產品**將視角拉高到宇宙**，剛發表時，確實讓許多使用者大吃一驚，並為之著迷。在 Google 所有服務當中，Google Earth 帶來的衝擊性與流量，至今仍僅次於搜尋。

全世界的電視臺正是利用了這項服務，才得以提供觀眾從高空俯瞰主題所在地區與地點的影像。

約翰的破竹之勢並沒有停止，他接著發表了 Google Moon（瀏覽月球表面衛星照片的服務）與 Google Mars（Google Moon 的火星版），**竟然把視野拓展到地球之外。**

「我不會只局限在地球這顆行星，也會給大家看看宇宙中各式各樣的地理資訊。」

約翰接二連三展開的新事業，讓人感受到他確實懷抱著這個遠大的夢想。

約翰進一步將地圖的可能性擴大到超越傳統「地圖＝查閱用的資料、前往目的地的工具」的概念。

Google Earth 成功後，約翰在 Google 成立內部新創公司

「Niantic Labs」。他將地圖與遊戲結合，著手開發與位置資訊連動的手機遊戲「Ingress」，後來又開發出升級版「寶可夢GO」。

由於 Niantic 在「寶可夢 GO」發表前就脫離了 Google，因此儘管「寶可夢 GO」乍看之下與 Google 無關，但其實仍**誕生自 Google 的內部新創公司**。

話說回來，「Ingress」與「寶可夢 GO」都擁有一項有別於傳統手機遊戲的要素，各位知道是什麼嗎？答案是，這兩款遊戲都使用了「AR」技術。

AR 也就是所謂的「擴增實境」，是一種將其他資訊與現實中存在的場景重疊，「透過資訊擴張現實世界」的技術。

「寶可夢 GO」剛發表時，相較於在娛樂方面更受期待的VR（虛擬實境）技術，AR 技術有嚴重遭到市場輕視的傾向；換言之，市場對這項技術其實並未抱有太多期待。

但約翰與 Niantic Labs 致力追求 AR 的全新娛樂方式與可能性，並透過「寶可夢 GO」這款遊戲，讓全世界的人看見這點。

約翰將「地圖」這項從以前就被視為理所當然的工具擴大到

宇宙，甚至連現實世界都被擴張，創造出新的價值。這些發想的源頭，到底是什麼呢？

其實正是我所謂「跳脫常識」的「量子思考」。

事例 2

彷彿就像「洞見未來」?!
賴利‧佩吉與謝爾蓋‧布林的野心

「我們想要打造的是，一坐到螢幕前面，想知道的事情就會立刻出現在螢幕上的世界。」

這是 2003 年我剛進入 Google 的事情。當時日本還沒什麼人知道這間公司，不過我在那裡看到了「量子思考」這種令人驚異的思考法典型。

我首次到總公司出差時，有機會見到創辦人賴利‧佩吉（Larry Page）與謝爾蓋‧布林（Sergey Brin）。

「我們想見見村上憲郎。」

為了回應他們的這項要求，我拜訪了他們的辦公室。

他們 2 人共用 1 間辦公室。印象中，空間並不大，3 個

人待在裡面略顯擁擠。當時的執行長艾立克‧史密特（Eric Schmidt）似乎也和他們一樣，對辦公室的大小不太講究。

我一走進辦公室，賴利與謝爾蓋就催促我說：

「村上，你去坐在電腦前面。」

我依他們的要求，在不知是賴利還是謝爾蓋的電腦前坐下來。接著他們對我說：

「你現在坐下來了。我們想要打造的是，一坐到螢幕前面，想知道的事情就會立刻出現在螢幕上的世界。」

過了將近 20 年後的現在，這段話與其背後的願景或許已經很難讓人覺得有什麼特別。

當時的網路搜尋服務中，最興盛的還是「Yahoo!」，首頁從「目次」開始，層層往下細分，搜尋時必須一一點開分頁，才能在網路上找到自己想要的資訊。

但在當時，這 2 位創辦人就已把實現「即使不敲鍵盤、不說話，想知道的事情也能立刻顯示出來」的終極資訊搜尋當成目標，而且還興高采烈地描述這種一般人根本想像不到的未來，彷彿它必然實現似的。

這種能帶來「跳脫常識的發想與創意」的思維，就是「量子思考」。

如果現在的我們不認為賴利與謝爾蓋是在癡人說夢，或許是因為他們**當時所描述的未來已逐漸實現**吧。

他們的願景在當時想必不被別人當一回事：

「這種事情只會出現在科幻小說裡吧？」

但毫無疑問的，世人的想法已經轉變成：

「在不久的將來應該能夠實現吧？」

我們的常識，終於追上了當時他們的「癡人說夢」。在不久的將來，一坐在椅子上，即使不敲鍵盤也不說話，電腦就能偵測你現在所想的事情、提供所需資訊，這樣的終極服務必定能夠實現。

───── 事例 3 ─────

瞬間掌握問題本質的能力：
YouTube 創辦人查德・哈利與陳士駿

下一則事例稍微有點長。這件事的開端，是 Google 在

2006 年併購了上傳影片的網站「YouTube」。

　　併購時，日本版 YouTube 出現了一項重大問題：當時的日本 YouTube 充斥著違法上傳的電視節目。

　　對現在的觀眾而言，即使節目播放結束後也能隨時觀看的「影音隨選服務」一點都不稀奇，但當時日本還沒有這種機制。

　　於是，錄下節目的第三者，違法將影片上傳到 YouTube 的案例層出不窮，很明顯違反了著作權法。

　　各電視臺忙於處理這種狀況，找出自家公司確實擁有版權、卻被違法上傳到 YouTube 上的影片，向 YouTube 提出刪除申請。但這項枯燥乏味的作業，平白消耗掉許多人力，而這種情況也讓日本音樂著作權協會（JASRAC）大為惱火。因為違法上傳的影片中，收錄了許多由 JASRAC 管理的樂曲。這導致他們無法支付擁有樂曲版權的詞曲創作者、歌手與演奏者足夠的報酬，陷入欲哭無淚的窘境。

　　在這種情況下併購了 YouTube 的 Google 公司，找上當時擔任 Google 日本法人董事長的我提出改善要求：

　　「麻煩您想辦法解決。」

我立刻飛到 YouTube 位於加州聖馬特奧的總公司，去見創辦人查德・哈利（Chad Hurley）與陳士駿。

「總而言之，日本的 YouTube 遇到大麻煩。」

我一說完，2 人臉上都浮現凝重的表情。

「我們知道了。」

接著又說：

「違法上傳的情況橫行並非我們的本意。村上先生，日本應該沒有影音隨選服務吧？」

影音隨選服務在當時的美國已經是理所當然的。換句話說，**美國並不會發生像日本這種違法上傳電視節目的狀況，因此對 YouTube 而言，這是個意料之外的問題。**

他們原本想打造的是「分享家族影片的服務」，但日本的現狀早已遠遠偏離兩人的本意。於是他們立刻動身前往日本。

這是 Google 剛併購 YouTube 幾個月後的事。查德與士駿沒想到他們併入 Google 旗下後，第 1 次海外出差地竟然是日本，因此留下了印象。

有趣的是，他們平常工作時不曾穿西裝，但為了來日本而特地準備。他們穿上這套西裝，與我一起拜訪 JASRAC。

我們在那裡進行了許多討論，以下的狀況成為焦點。

「在美國的法律中，就業者的權限來看，如果沒有確切的證據就刪除違反著作權的內容，反而有可能侵害上傳者的著作權。因此即使懷疑對方違法上傳，除非有確切證據，否則也無法輕易刪除。」

目前審查違法上傳的方法，幾乎可說就是人海戰術，儘管 JASRAC 與電視臺想要盡快解決這項問題，但在法律上卻不是那麼容易。

這個時候，技術人員出身的士駿說：

「請給我們 1 年時間。」

接著他提出了意想不到的方案：

「我們會開發一款程式，只要將原始的播放資料餵進去，程式就會依此比對上傳的影片，一旦發現影片中的畫面或音樂與原始資料相同，即使只有 1 秒，也會自動判定為違法，並由我們這裡主動刪除。

「只要有原始資料，就能證明上傳的內容違法；只要建立了『證明違法就立刻自動刪除』的機制，就能迅速解決日本 YouTube 違法上傳的問題。」

這樣的機制說起來容易，但真的 1 年就能開發完成嗎？完成之後，違法上傳真的就會消失嗎？再說，他們真的會這麼誠懇地回應日本的要求嗎？JASRAC 與電視臺陣營對士駿的提案露出半信半疑的表情，歪著頭做出不置可否的反應。

　　但另一方面也能看出，2 位 YouTube 創辦人誠摯且試圖積極解決問題的態度，使得他們的怒氣逐漸平息。

　　這 2 位 YouTube 創辦人在當時是勢如破竹的 IT 界先驅，從日本方面的反應可以推測，JASRAC 與電視臺原本對他們 2 人的來訪抱持著高度戒心。因為當時曾有盛氣凌人的日本 IT 社長擺出「違法上傳干我屁事」的態度，使得 JASRAC 與電視臺以為，從美國跑來的傢伙很可能也是這樣的人。

　　沒想到實際上出現的卻是 2 名純樸的青年：明明連領帶都打不好，還一眼就能看出他們特地穿上不習慣的西裝，試圖展現禮數。我甚至認為 JASRAC 與電視臺被 2 人發自內心的謙虛、必須採取對策的責任感，以及想辦法解決問題的氣魄所感動。

　　應該是因為這樣，才會產生「不如讓他們試試看」的想法，並接受士駿的提議，結束這天的會談。

後來，負責技術的士駿立刻著手撰寫偵測違法上傳的程式。雖然他提出的時間要求是 1 年，但我記得他的團隊竟然不到半年就把程式開發完成。

　　這個案例並沒有在這裡就可喜可賀地結束。關於 YouTube 違法上傳的問題，耐人尋味的部分才正要開始。

　　安裝這項程式後，違法上傳的影片就會被 YouTube 自動刪除，日本 YouTube 的問題順利解決。

　　後來見到 JASRAC 的人員時，他們開心地向我表達感謝，並告訴我：

　　「多虧了 YouTube 製作的軟體，版稅分配的正確性也提高了。」

　　JASRAC 的工作之一，是將樂曲的報酬分配給擁有樂曲權利的詞曲創作者、歌手、演奏者等，但過去無法取得正確的數據依比例來分配，換句話說只能「憑感覺」。但多虧士駿開發的程式能進行近乎完美的統計，從此以後支付給創作者的報酬金額就不至於過多或太少。

　　士駿等人開發的程式**不只解決 YouTube 違法上傳的問題，**

就連擁有樂曲權利的詞曲創作者、歌手、演奏者等人的報酬問題也跟著解決。

　　他們在開發這款 app 時，應該沒想過會有這項附加效果。因為他們根本不知道日本有這樣的問題。

　　但就算告訴他們，版稅的分配因為這款 app 而變得更正確，他們應該也不會感到訝異吧？這是因為就連這樣的附加效果，也在他們的思考範圍之內。

**　　雖然沒有對他們提及，但他們開發的 app 卻解決了大家原本以為不可能解決的問題**，為什麼會這樣？

　　我認為，這也是因為他們具備「量子思考」的能力，帶領他們找到跳脫常識的發想與創意。

3 件事例的共通點與
天才們的思考法

我在 Google 不斷遇到天才,以上介紹的只是少數幾個例子。

顛覆地圖與 AR 的既定觀念,創造出全新價值的約翰‧漢克;早一步看見網路的可能性,朝著夢想中的未來勇往直前的賴利‧佩吉與謝爾蓋‧布林;迅速解決 YouTube 面對的問題,甚至發揮超乎想像的問題解決力的查德‧哈利與陳士駿——這 3 件事例乍看之下似乎互不相關,但客觀來看,卻能發現幾個共通點。大致整理如下:

1、他們都追求過去未曾被發現、**讓世界煥然一新的價值**。

2、他們都追求各自**熱愛的事物**和自己**擅長的事物**。

3、他們所**擘畫的願景規模宏大,有如科幻故事**,譬如「一坐下來,螢幕上就能顯示想要知道的資訊」「製作宇宙規模的地圖」等。

4、他們並非「**只做出一項成果就結束**」,而是由此再接續

到全新的可能，譬如把地圖變成 Google Map，再與 AR 結合成人氣遊戲。

5、結果，這項成果變成**足以改變世界的大型運動**。

像這樣列舉出來後，我想大家就能感受到，他們之所以能做出這些驚人的成果，並非刻意為之，而是**自然而然的舉動**。

最理想的狀態是，各位讀者都能學會這些天才的思考法，並和他們一樣發起開拓時代的運動，在這個被喻為「看不清未來的時代」裡，這或許是堅強活下去的必備技能。

但**我們不是天才，要求我們完全依照天才的方式思考並不合理**，我想大家應該也都知道這一點。而且事實上，天才自己也無法用言語說明這些發想如何誕生，又為什麼會帶來刷新世界的創意。

另一方面，我把他們的事例寫出來，並不是希望大家從身後追趕他們的背影，而是希望各位能在目前從事的業務、抱有興趣的領域中創造出全新的價值，並做出成果。

近 20 年來，我與許多天才往來並取得他們的信賴，得以近距離觀察他們的思考，再用我自己的方式分析出「未來將會

如何變化」。這本書將透過我個人的觀點，向各位讀者介紹能實現以下事項的方法，幫助各位更接近剛才提到的「5 項共通點」。

· 不是天才的我們，必須**盡量貼近天才出類拔萃的發想力**。
· 理解天才的發想，**掌握解決問題與創造新價值的頭緒**。
· 探索天才們**建構（宛如能洞見未來的）想像力的過程，成為站在時代最尖端的人才**。

而「量子思考」，就是以此為基礎的思考法。

後面的章節將會說明「量子思考」名稱的由來，不過重要的是，一旦學會這種思考法，就連我們這些一般的普通人，也能順利跟上天才的軌跡，並在其中大顯身手。

老實說，我並不覺得自己完全學會了量子思考，因為我並沒有完全理解天才的發想從何而來。

不過我在 2003 年就任美國 Google 副董事長兼日本法人董事長時，當時的執行長艾立克·史密特對我說，請用**「成人監護」**的觀點守護他們，我也一直持續實踐。

「成人監護」是艾立克自己在美國實踐的方式，說得直接一點，就是「由成人在一旁守護」。

　　換句話說，公司基本上採取的是讓年輕員工自由發展的放任主義。信任他們、「守護」他們因順從個人感受而投入與組織的工作，就是我們的主要任務。

　　只有在他們太過躁進，或似乎會重蹈前輩的覆轍時，我們才會介入。

　　我想，**或許正因為 Google 能在這些年輕的力量不斷成長時，從這個角度近距離守護這些天才，這些年輕人才能提出這些想法吧？**

　　雖然我們不是天才，但若能盡量貼近他們的思維、理解他們的發想、培養問題解決力與創造力，邁向時代的最尖端，這樣的思考法就是「量子思考」。

　　各位或許會覺得有點可疑，但我想再補充一句：只要不追求完美，任何人都能學會量子思考。

　　希望各位可以透過本書接觸量子思考的端倪，就算只學會其中一部分，在即將來臨的新時代裡，也能成為活躍於最前線的人才。

領先日常的「未來」世界

假設我們學會了量子思考，在未來等待我們的究竟會是什麼呢？

本章的最後，就讓我們來聊聊這件事。

靠著「沒想到」克服看不清未來的時代

就一般常識推測應該不可能發生的「沒想到」，其實一直在世界上稀鬆平常地發生，這點後面會再詳細說明。

具體來說，所謂「學會量子思考」，就是以本書介紹的「參考架構」（frame of reference）為方法，用自己的方式掌握這個世界的全貌，如此一來，**這種「沒想到」就會變得可以接受。**

換句話說，即使當「沒想到」成為現實、周遭的人都手忙腳亂的時候，擁有量子思考的人也能準確地理解狀況，不至於

遭受太大的衝擊。

能夠靈活地接受「沒想到」，代表**無論今後社會如何變化，自己都有能力應變，不會被變化拋諸腦後。**

撰寫本書時，新冠肺炎疫情蔓延的恐懼仍在全世界擴散，「與病毒共存」的全新生活型態與價值觀也因此被提出來。與病毒共存的新日常，例如推動遠端辦公、擴充線上服務等「沒想到」的事情變成理所當然，而我們邁向這種時代的速度，也無疑地大幅加快。

各種能在線上處理的工作越多、相關服務越完備，過去需要的事物與現象就越不得不結束其任務。

譬如「交通尖峰時間」或「通勤」的概念，在 50 年後的世界完全被遺忘，也不是不可能的。

理所當然的，過去許多人在無意識中建立的資本主義社會根基隨之瓦解，全新的時代正準備現蹤。

「沒想到在家裡就能上班，不需要特地去公司。」

比這句話更難想到的「沒想到」，或許也將陸續到來。

即便身處「沒想到」緊接而來的時代，也沒什麼好怕的，因為我們將成為活躍於最前線的人才，這會是量子思考帶給我

們的其中 1 項重大好處。

在需要 2 選 1 的狀態中找出「第 3 個選項」

此外，即使只有皮毛也好，若能稍微理解量子力學的世界、學會量子思考，也能讓自己**從過去的束縛與社會的常識中獲得解放。**

因為這種思考能幫助我們在過去只能被迫回答「yes or no」的狀況中，開拓一條「可以是 yes，也可以是 no」的新道路。

前面所介紹 YouTube 創辦人查德・哈利和陳士駿的事例，就是個很好的例子。

他們能在陷入「即使侵犯著作權也要繼續影片服務 vs. 停止影片服務以保護著作權」的 2 選 1 問題裡，**想出第 3 個選項。**

如何兼顧「言論自由」與「著作權」，也是現在經常討論的社會議題。

面對一直以來認為難以解決的課題時，提出第 3 個解方，甚至能找出無數個解法，就是量子思考的絕技。也可說是現在

這個時代所追求的能力。

「簡直就像看見未來」能帶來成功

進一步深化量子思考後，**就能體驗到「在他人眼中，我彷彿能預測未來」是什麼感覺。**

舉例來說，我在 2003 年時進入當時幾乎沒有人知道，甚至連該念成「古葛雷」還是「勾歌」都搞不清楚的「Google」公司工作。關於這個選擇，至今還經常有人問我：

「為什麼會想進入當時還不太有名的 Google 上班呢？」

又比如說，幾年前我在《日本經濟新聞》有個名叫「指南針」的專欄，比一般輿論更早一步在文章中提到「物聯網」（Internet of Things, IoT）與「智慧城市」。曾有人問我：

「10 年後的今天再讀您當時所寫的文章，依然覺得您寫的沒錯。請問您是如何做出這些預測的呢？」

提到寫專欄這件事，感覺好像在炫耀，實在不太好意思；但專欄在業界的評價很好，許多人都說我「寫得不錯」。我有

自信，如果有人讀到我當時的建議，覺得「原來如此，未來會是這個樣子」，並聽從建議進行準備的話，這些文章對他而言應該有一定程度的幫助。

換句話說，發揮量子思考力的人能夠領先時代，看在旁人眼裡彷彿就像「擁有洞見未來的超能力」一樣。

這時最重要的是**「不要為發想設限」**。我們在思考的時候，往往會下意識拉出一條線，告訴自己「不能越界」。

舉例來說，許多人都認為「1 個物體無法同時存在於 2 個地方」。當然，就常識來想，這沒有什麼好懷疑的。反之，如果有人大言不慚地說：「1 個物體可以同時存在於 2 個地方！」旁人應該會和他保持距離吧？

但接下來就會說明，電子確實能夠同時存在於 2 個地方！

我們**是否受限於「符合常識的思考」，就連將想像拓展到常識以外的能力都失去了，像是「如果 1 個物體可以同時存在於 2 個地方，世界應該會更寬廣」之類的？**

每當量子世界的謎題獲得更進一步的解答，就會導出更多令人不可思議的結論，甚至會發現，「1 個物體有可能同時存在於 2 個地方」只不過是最初的開端。

量子力學描述的量子世界就是這種「沒想到」的世界。**你能否跳脫常識，在時代的最尖端奮戰到底？**

我想跟各位強調一點，以上這個問題的關鍵，就是「能否在現階段培養量子思考」。

有能力走在趨勢之前

我認為 Google 這個集團不單是一家公司，甚至接近一種「具實踐性的運動（movement）」。

自從我知道有「克林貢語」這件事後，就開始覺得**「Google 是 1 種運動」**。「克林貢語」是電影《星際爭霸戰》中出現的外星語，雖然是 1 種虛構的語言，但完成度相當高，當時在網路上引起了一些討論，或許也有些讀者知道。

我剛進 Google 時，搜尋服務才正要起步。我記得當時支援的語言大約只有 10 種（2020 年 2 月增加了盧安達語、奧里亞語、韃靼語、土庫曼語、維吾爾語，目前可使用 108 種語言），正是擴充語言的重要時期。

但就在這時候，Google 竟然在搜尋服務中增加了克林貢語！在積極研究克林貢語的社團「克林貢語學會」協助下，Google 安裝了克林貢語的語言選項。

安裝克林貢語當然是 Google 的幽默，但這種幽默強烈地展現出這樣的態度：「Google 搜尋不只支援地球的語言，也支援宇宙的語言。」我覺得這正是「我們不會只局限在這顆行星上」的體現。

為了讓量子思考更具意義，成為開拓未來時代的力量，**我們必須暫時將自己從傳統「社會」與「工作」的概念中抽離，搭上新的浪潮。**

全世界因為新冠肺炎疫情而產生的「新日常」概念，無疑的也是某種運動。

稀有的發想力自是不在話下，無論是創造前所未有的新事物，還是開拓自己下一階段的職涯，量子思考想必都能帶來幫助。

第**2**章

「跳脫常識」
到底是什麼感覺？

新時代的關鍵字
「量子」

有些讀者雖然已從上一章了解本書的寫作目的，但可能還是會覺得疑惑：

「為什麼要將這種思考法取名為『量子思考』呢？」

接下來就先為大家說明「量子思考」這個名稱的由來。

第一次閱讀時，
從這裡到 47 頁可以先跳過

光聽發音，還以為「量子」是在叫名為「亮子」的女性呢。但這裡的「量子」可不是人名喔，請各位將「量子」想成「微小物理量」的統稱。

我想大家在理化課都學過「物質由分子組成」這個概念。而分子雖然非常小，但還不至於小到失去該物質性質的程度。

例如水分子，可以用 H_2O 的分子式來表示。換句話說，就

是由「2 個氫原子（H）」與「1 個氧原子（O）」結合而成。

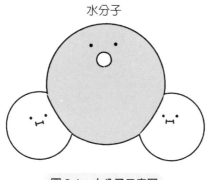

圖 2-1　水分子示意圖

前面所謂「不至於失去該物質性質的程度」，意思是水分子雖小，但仍保留了「攝氏 0 度以下會變成冰（固體），攝氏 100 度以上變成水蒸氣（氣體）」的性質。

順帶一提，氫分子的分子式是 H_2，代表它是由「2 個氫原子（H）」結合而成的；氧分子的分子式是 O_2，表示它由「2 個氧原子（O）」結合而成。

我想學校也教過，「原子的中心有原子核，電子就環繞在周圍」。

氫原子的原子核周圍有 1 個電子，氧原子的原子核周圍則有 8 個電子。

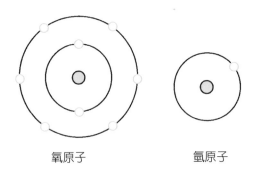

氧原子　　　　　　　氫原子

圖 2-2　氧原子與氫原子

原子核由「質子」與「中子」組成。

氫的原子核只有 1 個質子，氧的原子核則有 8 個質子與 8 個中子。

電子帶負電，質子帶正電，而正負電的量（稱為「電荷」）則是相同的。

換句話說，氫原子的 1 個電子所帶的負電，與原子核中 1 個質子所帶的正電互相抵消，整個原子呈電中性。

氧原子的 8 個電子所帶的負電，也與原子核裡 8 個質子的正電抵消，整個原子同樣也呈電中性。

中子則一如其名，不帶正電也不帶負電，是電中性的粒子。

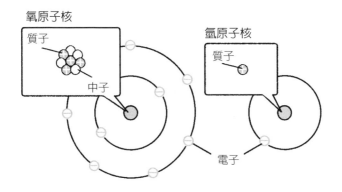

圖 2-3　氧原子與氫原子內部結構

以上所出現的電子、質子、中子，都是非常微小的粒子。

「那麼，量子與這些微小粒子的關係究竟是什麼呢？」

想必各位心裡會浮現這樣的疑問，不過請稍安勿躁。

事實上，電子、質子和中子小到不只具備粒子的性質，也具備「波」的性質。

「它們既是粒子也是波。」

「什麼鬼 ?!?!」你聽了會這麼想也是無可厚非的。

這種「什麼鬼 ?!?!」就是跳脫常識的感覺。

「體驗」一下「量子」的存在

第 1 次閱讀時，這裡可以乾脆地跳過

接下來，我想透過知名的「雙狹縫實驗」，讓大家體驗一下「既是粒子也是波」到底是怎麼回事。

只要使用現在的技術，就能將電子逐一發射到空中。首先在發射機（電子槍）前的壁面上貼好 1 張大型底片，這張底片能在電子抵達時記錄抵達的位置。發射機與牆壁之間，則放有已切開 2 條平行狹縫的屏幕，這 2 條狹縫之間有一定的間隔（請參考圖 2-4）。

首先蓋住 2 條狹縫中的任何 1 條，也就是在其中 1 條狹縫關閉的狀態下，逐一發射數百發電子。這時可以觀測到，底片所記錄的電子抵達點，呈現垂直的帶狀。

接著將另 1 條狹縫的遮蓋物取下，也就是在 2 條狹縫同時打開的狀態下，一次一發，發射數百發電子。你覺得底片所記

錄的抵達點，會呈現什麼樣子呢？

「從剛才的結果來看，當然是在狹縫所在的位置留下 2 條帶狀的紀錄啊。」

你應該會這麼想吧。

但結果卻不是這樣。底片上留下好幾條帶狀紀錄，看起來就像並排的直條紋一樣。

「什麼鬼 ?!?!」

你會這麼想也是無可厚非的。

這些直條紋就被稱為「干涉條紋」。

接著，將電子發射機換成照相機的閃光燈，將原本貼在牆上的電子成像底片換成普通的照相底片，兩者之間的雙狹縫屏幕維持不變，試著拍下閃光燈的成像。

照相用底片顯像後，結果拍出了越往中心越深，越往周圍越淡的黑色條紋。

光波（電磁波）會「同時」通過 2 條狹縫抵達底片。而波有「波峰」和「波谷」，波峰與波峰、波谷與波谷疊加時，會使得波峰變得更高、波谷變得更低；至於波峰與波谷相遇時則會互相抵消。這種現象稱為「干涉」，因此會拍攝到「干涉條紋」。

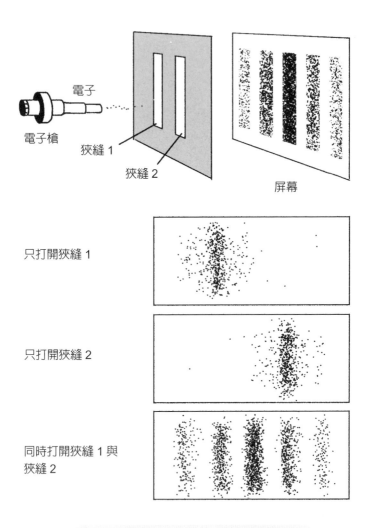

電子

電子槍

狹縫1

狹縫2

屏幕

只打開狹縫1

只打開狹縫2

同時打開狹縫1與
狹縫2

圖2-4　1個電子能「同時」通過2道狹縫嗎？

「干涉條紋」正是因為「光具備波的性質」（電磁波），才有可能引發。

「好像懂，又好像不懂……」
這樣就夠了！

換句話說，剛才的電子發射機實驗證明了「電子也是波」，即使只有 1 個電子，也能「同時」通過 2 條狹縫。

「這種事情怎麼可能發生 !!」

沒錯。一般常識認為不可能發生的事情，其實有可能發生。這個實驗就是要測試看看你能不能接受這種感覺。

附帶一提，光也是粒子，這時稱為「光子」（photon）。

所謂的量子並非指某種粒子，而是一種物理學概念，指的是某個物理量無法再分割的最小單位。前面提到的「波粒二象性」（既是波，也是粒子）是微觀粒子的基本性質之一，而「量子力學」或「量子物理學」主要就是為了描述這些微觀事物而誕生的。

量子力學雖然看似在 20 世紀初就建構完成，但至今仍持續發展，統稱包含其發展在內的學問時，便稱為「量子物理學」。

常識與非常識

我們平常看見的，符合一般感受尺度的世界稱為「巨觀世界」。

巨觀世界的各種現象，可利用艾薩克・牛頓在 17 世紀後半發現的「牛頓力學」來說明。

如果我們放開手上的蘋果，過了一定時間後就會掉到地上。蘋果掉落的現象，可透過牛頓力學的公式描述得非常詳細。

不論是打偏的高爾夫球、水龍頭裡流出水、飛機的飛行等現象，都能用牛頓力學或由此發展出來的分析力學來說明。

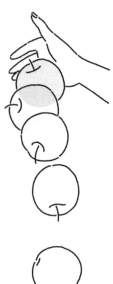

圖 2-5　蘋果理所當然會往下掉

第一次閱讀時，
從這裡到 62 頁可以跳過

　　相對於巨觀世界，科學家在 19 世紀末到 20 世紀初發現，發生在原子內部微小世界（微觀世界）的現象，無法利用牛頓力學和分析力學說明。

　　如同前面的介紹，「原子內部」指的是中心有原子核，周圍環繞著電子的原子結構。

　　科學家花了 30 幾年，姑且在 20 世紀初建構出了量子行為的理論，這門全新的力學理論稱為「量子力學」，英文是「quantum mechanics」；「量子」，就是本書所介紹這種思考法的名稱由來。

　　量子力學登場後，將過往的牛頓力學及分析力學稱為「古典力學」。寫成英文就是「classical mechanics」。

　　「從剛才開始就完全看不懂在寫什麼。」為了有這種感覺的讀者，接下來將為各位稍微複習一下國中和國小理化課或自然課中學過，但早已遺忘的物理學，好幫助大家理解。

「常識」到底是什麼？

　　將蘋果（其實什麼物體都可以，但為了向牛頓致敬，這裡就使用蘋果）放在手掌上，手掌能感受到蘋果往下壓的「重量」。這裡使用「重量」，是為了配合一般感官的說法，在物理學裡，應使用「力」，才是正確的表現。

　　這就是萬有引力，可以透過身體清楚感受到。

**不要因為看到公式就害怕，
大致讀過去就行了**

萬有引力可透過以下公式表示：

$$F = G\ \frac{Mm}{r^2}$$

F 是萬有引力，因為「力」的英文是「force」，所以用 F 代表。

　　G 稱為萬有引力常數，是一個固定的數值。

　　M 與 m 是兩個互相吸引的物體（在這個例子裡是地球與蘋果）的質量。因為「質量」的英文是「mass」，所以分別用 M 與 m 代表。

r 是兩個物體之間的距離。

　　來看看等號後面的部分。前面說過，G 是萬有引力常數，
所以不管在地球表面的哪裡都是一樣的值。M 是地球的質量，
同樣在任何地方都一樣。r 雖然是兩個物體之間的距離，但因
為和地球的半徑相比，地表上任何高度都小到可以忽略，所以
可直接視為地球的半徑。如果把 G、M 和 r 這堆東西換成「g」，
公式就會變成：

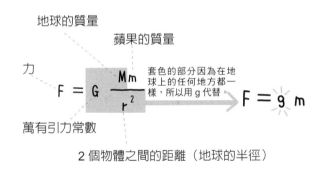

圖 2-6　以圖解來說明公式的變形

　　有些讀者可能會出現「等等，為什麼 ?!?!」的反應。這種
反應其實是源自於過去對公式或數理的恐懼，是根植於錯誤的
教育方式並遺留至今的創傷，不如趁著這個機會克服吧！這是
邁向量子思考重要的第一步。

前面的式子只用到了國中數學一開始學到的規則而已。

・在算式中，×（乘號）是可以省略的。

・進行乘法運算時，順序（也就是什麼乘什麼）可以前後交換。

用到的規則只有這 2 項。

所以不管寫成 $F=mg$，還是 $F=gm$ 都無所謂，只是為了方便接下來使用，所以碰巧寫成了 $F=mg$。

請努力克服內心忍不住（想要）湧上的「等等，為什麼?!?!」的反應。如同前面提過的，這是邁向量子思考重要的第一步。

量子思考與你出身文組或理組完・全・無・關。

克服因錯誤的教育方式而根植於內心的創傷、公式恐懼症或是數學恐懼症，也是本書的目的之一。

也順便克服對數學的恐懼吧！

接著讓我們繼續物理的話題。

國中理化會學到：若對質量為 m 的物體施加一力 F，物體

會以加速度 a 移動（靜止的物體會開始移動）。若力的方向與移動方向相同，速度就會加快（加速）；若方向相反，則會減慢。換句話說，就是受到反方向的加速度（減速）。

以上敘述可以寫成：

$$F = ma \quad 或是 \quad a = \frac{F}{m}$$

是不是又冒出了「等等，為什麼 ?!?!」的反應？再加油一下，戰勝這樣的創傷吧。

因為這只是把國小數學所學到的四則運算換個方式寫而已——只是把除號改成分數寫法。

這個公式的意思是，如果施加的力 F 相同，質量越大，加速度 a 就越小；質量越小，加速度 a 就越大。可以把質量想像成移動的難易程度。

接著再讓我們回到 F=mg。

F 是施加在質量為 m 的物體上，是不管在地球哪個角落都相同的重力。

對照 F=ma 的公式，g 可以說等同於加速度。是的，沒錯，g 就稱為「重力加速度」。任何物體在地球上都會產生相同大小的加速度 g，所以離開蘋果樹的蘋果，也會以 g 的加速度朝著地面落下。

牛頓應該就是看著這幅景象，才推導出萬有引力定律吧？

「蘋果掉下來」其實很厲害？

第 1 次閱讀時，
也可跳過接下來的內容

接下來的內容會再稍微具體一點。事實上，**想要具體說明很簡單，只要加上「單位」即可。**

首先，以「公尺」做為距離的單位，時間則是「秒」。

速度是指「每秒移動幾公尺」，所以用「公尺／秒」的單位表示。

加速度是指「每秒增加多少速度」，所以用「公尺／秒／秒」來表示。

在地球上的任何地方，g 都固定是 9.8 公尺／秒／秒。

換句話說，離開蘋果樹的蘋果，過了 1 秒，速度就達到每秒 9.8 公尺，並持續落下。

過了 2 秒，則以每秒 19.6 公尺的速度持續落下⋯⋯話雖如此，但如同各位所想的，其實並沒有這麼高的蘋果樹，所以別說 2 秒了，甚至不到 1 秒，蘋果就已經到達地表。

總而言之，如同在剛才蘋果的例子中所理解的 —— 或者該說是我強迫大家理解的，速度（v, velocity）、加速度（a, acceleration）與時間（t, time）可以用以下的關係式表示：

$$v = at$$

地球的重力加速度是 g，因此地球上的物體往下掉落的速度就是：

$$v = gt$$

這個公式表示蘋果離開樹枝某段時間 t（秒）後，落下的速度就會變成 gt（公尺／秒）。

由於 g 在地球上的任何地方都固定是 9.8 公尺／秒／秒，所以更具體來說，第 1 秒的速度就是 9.8 公尺／秒。

我們注意一下單位的部分。

時間 t 的單位是「秒」。

加速度 g 的單位是「公尺／秒／秒」。

g t 相乘,單位的部分就會變成「秒 × 公尺／秒／秒」。

「秒 ×」與「／秒」抵消,速度的單位就變成「公尺／秒」。

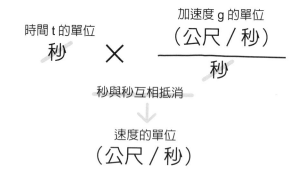

圖2-7 用圖解說明單位的消去

我覺得把「秒 ×」和「／秒」直接省略未免太可惜,所以再補充一下:在 t 秒間,蘋果會落下多少距離呢?如果把落下的距離當成 s,那麼:

$$s = \frac{1}{2} g t^2$$

修過微積分的讀者有沒有發現,如果將這道公式裡的時間 t

微分，就會變成「v = gt」呢？

$$v = \frac{dS}{dt} = 2 \times \frac{1}{2} g \times t = gt$$

如果覺得很難，可以跳到 63 頁。

如果各位覺得學到因數分解就已經夠吃力的了，沒有餘力學習微分，搞不清楚「移動的距離 S 對時間 t 微分求得速度 v」也無所謂。

「不要這麼說，我正在克服創傷，教教我微分是什麼吧！」

那麼我就告訴這些了不起的人，請再回頭看前面的公式。

如果把 S 換成 y，t 換成 x，不就是國中學過的 2 次函數方程式嗎（y = ax²+bx+c, a ≠ 0）？請各位回想一下函數的圖形（如圖 2-8），再重看一次公式。

t² 前面（$\frac{1}{2}$ g 的部分）其實就是乘上去的常數對吧？函數的圖形就像朝下的湯匙，原點在尖端；前面乘上的常數可以決

定湯匙的寬窄。

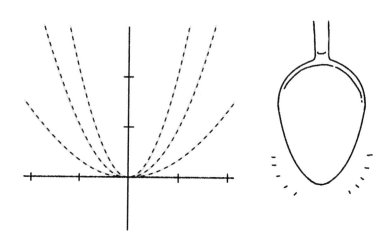

圖 2-8　「2 次函數」的圖形就像湯匙

　　湯匙窄，代表常數大。當 t（即 x）變大，ʃ（即 y）也會跟著一下子變大，圖形看起來就會像是寬度窄的湯匙。

　　反之，較寬的湯匙常數較小，即使 t（即 x）變大，ʃ（即 y）也只會平緩地增加，曲線看起來才會像是寬的湯匙。

　　無論是「一下子變大」還是「平緩地增加」，ʃ（即 y）都會隨著 t（即 x）的增加減少而變化。

再聊聊微分吧，稍微有點懂就可以了

「微分」指的是計算相對於 t（即 x），ς（即 y）如何增加的方法，一般會這樣表示：

$$\frac{d\varsigma}{dt}$$

請看圖 2-9。在這條曲線上，每一個 ς 值都會對應到一個 t 值。假如我們畫出一條與曲線相切的直線（稱為切線），直線的斜率就是 $\frac{d\varsigma}{dt}$ 。

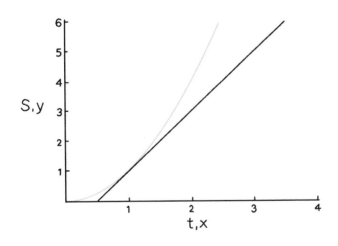

圖 2-9　2 次函數與切線

從圖上可以看出，t 越大（也就是越往右邊），畫出來的切線就越陡。以這個例子中的 2 次函數來看，t（即 x）越大，S（即 y）增加的幅度也越大。

$$\frac{dS}{dt} = 2 \times \frac{1}{2}g \times t$$

這個算式所用到的，就是大一微積分學到的公式。

使用的只有「對 t 微分的時候，如果 t 是 n 次方，就把 n 拿來乘在前面，n 次方則變成 n−1 次方」這樣的公式。在這個式子裡，n 為 2，所以把 2 放到前面乘，2 次方則變成「2-1」次方，也就是 1 次方。

那麼，微分求的到底是什麼呢？答案是「瞬間速度」。

舉例來說，搭乘新幹線「希望號」從東京到新大阪大約需要 2 小時，距離約 500 公里，所以希望號的「平均速度」是：

$$\frac{500,000公尺}{(2 \times 60 \times 60)秒}$$

但列車不可能每一分每一秒都以「平均速度」行駛（發車或快到站時，速度一定比較慢）。用圖 2-9 說明，就是從原點到某個

t 點所增加的平均量，一定和某個 t 點的瞬間增加量明顯不同。微分的計算，就是把焦點擺在「瞬間增加」的量。

如果各位覺得「好像有點懂微分的道理」，那麼恭喜你，**「覺得好像有點懂」也是通往量子思考的珍貴體驗。**

所謂「跳脫常識的感覺」，原本就不以打從心底理解為目標。

能徹底理解當然最好，但目前先把目標擺在「好像有點懂」就可以了。

覺得「好像有點懂」
就很夠了！

「重的鐵球與輕的鐵球同時到達地面」的意義

總之，無論是「徹底理解」還是「好像有點懂」，我都希望大家能注意到一點：

$$s = \frac{1}{2} g t^2$$

與

$$v = g t$$

這兩個公式中都沒有出現質量 m。

這是伽利略著名的「比薩斜塔實驗」所根據的式子。在比薩斜塔實驗中，無論鐵球的質量大小，都會同時到達地表，到達時的速度也相同，與質量 m 無關。而這個公式就是該實驗的依據。

假設比薩斜塔的高度為 s 公尺，

「無論鐵球質量大小，都會在 $t = \sqrt{\dfrac{2s}{g}}$ 秒後到達地面」，

而且「到達時的速度都是 $v = g \times \sqrt{\dfrac{2s}{g}}$ 公尺／秒」。

平常使用的電腦是
「常識」的延伸

電子計算機，也就是大家平常使用的電腦，其實是描述、說明這種符合日常經驗的世界最具代表性的工具。

現在的電子計算機所具備的特徵，**就是透過「0」與「1」****這 2 種截然不同的狀態建構其功能。**

換句話說，電子計算機利用 2 種明顯不同的物理狀態，譬如「0 或 1」「正或負」「電流通過或不通過」「開或關」「左或右」「是或否」運作。

我們思考的基礎也和電子計算機一樣，自然而然地沉浸在描述日常經歷的世界的古典力學中。本書稱這樣的思考為「古典思考」。

「跳脫常識」到底是什麼感覺？　　chapter 02　　063

「跳脫常識」所代表的意義

反之，做為在古典力學下一階段登場的全新力學，量子力學採取的是完全不同的思維。在量子力學中，存在著「0 與 1 疊合的狀態」，也能觀測到「既是 0 也是 1」的物理現象。

雖然接下來會盡量以循序漸進的方式介紹量子力學的具體現象，不過希望大家能具備一項認知：在古典力學中「沒想到」會發生的，譬如電子「穿透到牆壁的另一側」的現象，在量子力學中可是很理所當然地發生著。

量子的行為規則，有別於我們平常生活的日常世界。換句話說，**量子的行為無法以常識理解。**

跳脫常識的世界，就在「古典思考」所建立的科學技術最尖端展開。對今後思考的發展，也就是將思考「量子化」的發展而言，接受這項事實是不可缺少的必要條件。

我們往往認為，合乎常識才是最舒服的，而且會下意識地避開違背日常感受，或過於「跳 tone」的事物，並認為這樣的

事物必須改變。

　　但是，第 1 章介紹的天才級思考，其實正是建立在與所謂「日常性」完全不同的層級上。

　　為了讓我們的思考能更接近那些基於個人興趣而不斷創造新事物的天才，我們必須跨越「什麼都必須合乎常識」的限制，學會**「跳脫常識」**的**「量子思考」**。

微分是什麼？

　　「話說回來，我們到底為何，又為了什麼必須進行微分呢？」的確，沒學過微積分的人，在第 1 次接觸微分時，或許會提出這個疑問。

　　簡單來説，微分就是把注意力擺在「如果有個量正在變化，那麼它在某個瞬間變化了多少」。聽起來似乎有點難，但只要舉出例子，大家馬上就能理解。

　　我們就以經濟成長來看好了。

　　我們經常提到 1 年、半年或 1 季的經濟成長率。現在請各位把這個時間週期縮得更短──譬如現在這 1 秒。

　　這 1 秒確實仍正在發生某種「經濟成長」，而微分要計算的，就是我們所擷取這一瞬間的變化。

　　舉例來説，將國內生產毛額畫成圖形，並計算這個圖形在某個時間點（切線）的斜率，就是「微分」。

　　微分的原理就像這樣，事實上非常簡單，完全不需要一聽到「微分」就覺得「討厭」「好煩」「聽不懂」。請藉著這股氣勢，消除自己對數理的恐懼吧。

Quantum thinking

為了將「量子」的力量
發揮到極限

　　雖說量子的行為跳脫常識，但一直以來用「古典思考」想事情的人，或許很難一下子就轉換成「量子思考」。

　　就算第 1 次閱讀時就跳過本章大部分的內容也無所謂，總之請各位先以一種**「雖然不是很懂，但大概是這麼一回事吧」**的心情，接著往下讀。

　　本書的論述盡量依循古典力學發展，寫的時候也會注意符合常識，但畢竟**量子的世界允許「既是 Yes 也是 No」的狀態**，難以用常理看待。

　　因此，學習量子思考時，首先要請各位放下「符合常識最好」「不合常理就是錯誤」的思維。即使出現了什麼難以接受的事實，也請**先承認這樣的事實的確存在，不懂也沒關係；雖然老實說，這種感覺不太舒服，但總而言之，先接著讀下去吧。**請把這種心態當成一種正確的理解方式。

無論職場或人生，都邁向常識達不到的境界

只要有「雖然不太懂，但就是這麼回事」的想法就夠了

從 20 世紀初開始建構的量子力學，透過 1926 年發表的「薛丁格方程式」完成了第 1 階段。

而後，以融合同樣發表於 20 世紀初的愛因斯坦「狹義相對論」（1905 年）為目標，發展出「克萊恩—戈登方程式」與「狄拉克方程式」。接著，朝永振一郎與理查・費曼也讓包括第 2 量子化在內的「量子場論」獲得進一步發展。現在則以融合愛因斯坦發表於 1915 年的「廣義相對論」為目標，針對「超弦理論」與「量子重力論」展開大量研究。

現在，「量子力學」的名稱已不足以涵蓋這門學問的內容，因此本書在專指這門學問的情況下，會使用**「量子物理學」**來稱呼它。

今後，每當解開一項量子力學謎團，或是以量子物理學為基礎的新技術問世時，我們或許就能看到讓人忍不住驚呼「沒想到」、古典思考所無法抵達的世界。

事實上，**就技術面來看，許多量子力學的研究成果已經實際應用在我們的生活中。**

　　舉例來說，誠如各位所知道的，現在的電子計算機（各位眼前的電腦）使用了大量的電晶體與積體電路等零件，不過這樣的計算機已經開始被稱為「古典計算機」了。

　　這些零件是以「半導體」材料所製造的，而半導體技術的理論基礎同樣也是量子力學。什麼是半導體呢？比如銅與金等電流容易通過的金屬，稱為良導體；木材、橡膠與塑膠等物質稱為絕緣體；導電性介於兩者之間的物質則稱為半導體，想要說明半導體的性質，非依靠量子力學理論不可。

　　說到半導體，就不得不提到發明穿隧二極體的江崎玲於奈博士，他是第 4 位獲頒諾貝爾獎的日本人。穿隧二極體正是應用「電子能穿透牆壁」這種不可思議的現象所發展出來的技術，奠基於「沒想到」的現象上。

　　從「沒想到」的現象發展出的技術，已經成為撐起這個時代不可或缺的材料，生活在這種時代的我們，更有必要跟上這樣的「沒想到」。至於能不能跟上，端看你能夠離多少古典思考多遠，靠量子思考多近。

第3章

通往量子思考的方法——「參考架構」

如果只是「學會」知識，
未免太可惜

近年來，「博雅教育」或「成人通識」獲得的關注越來越多。

博雅教育指的是具實踐性的知識與學問基礎，主要源自於古希臘羅馬時代的「自由七藝」，分別是文法學、修辭學、邏輯學、算數、幾何學、天文學、音樂。**從古至今，人類一直致力於學習這些學問，並將這些學問當成面對沒有答案的問題，或找出新疑問的途徑。**

從身邊的例子來看，我們在義務教育中學習的國語、數學、社會、自然、美勞、音樂等必修科目，可說是博雅教育最基礎的學問。

分辨美與真、設定問題、深化思考等領域，就在這些科目的前方無邊無際地展開。

然而就我的觀點來看，博雅教育雖然是社會人士的必修科

目，但能有意識活用這些科目的人卻實在太少。

因為**步入社會後所學習的博雅教育，若無法在自身的知識體系（參考架構）中獲得適當的位置，就只是零碎的知識而已。**

參考架構，建立量子思考的基礎

原本應該介紹「量子思考」，卻開始說明博雅教育，其實是有原因的。

我認為，充分活用博雅教育的方法 —— 也就是建立參考架構，與克服數理恐懼症並對此有基本理解一樣，都是培養量子思考時不可或缺的。

參考架構，就是「知識的參考體系」。

光從字面上來看，或許讓人一頭霧水。簡單來說，**就是從日常學習與生活所獲得的知識、經驗、資訊中，找出有所關聯的內容，並將它們串聯起來**的狀態。

你可以想像成**在自己腦中建立起有如網際網路般的連絡網。**

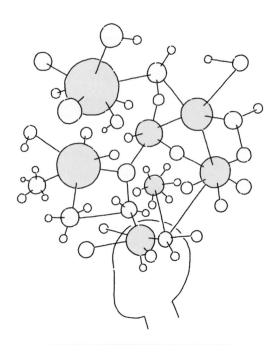

圖 3-1　參考架構就是腦中的知識體系

　　「參考架構」也是心理學名詞，指的是在腦中建立一套機制，將來自外部的資訊，長期且正確地保存在腦中適當的「抽屜」裡，並能依需要找出來，做為認識或判斷事物的依據。

　　我也以類似這樣的概念，有意識地在腦中建立參考架構。「來自外部的資訊」指的是從人與人的溝通或從日常生活中取得的經驗、來自不同地方的見聞與刺激、透過他人與書本等管道獲得的知識等。

　　簡單來說，我想告訴大家的是，將來自外部的資訊正確地

輸入腦中，建立類似「巨大層狀知識結構」的體系非常重要。
只要能建立起這樣的體系，之後就能學會量子思考。

至於「參考架構」的建立包含兩個面向，分別是**「輸入知識」**與**「建立知識體系」**。

充分耕耘任何人都擁有的「腦內資料庫」

事實上，建立參考架構的作業**不需要從零開始**。因為我們可以活用過去所學到的知識與經驗來建立參考架構。

這時最有幫助的，是求學時代曾學過的數學、理化、社會、英文、音樂、美勞等科目。

想必其中應該有自己不擅長的科目，甚至當初念書時還曾忿忿不平地認為：

「就算學會這種東西，出了社會也用不到吧？」

問題來了。我們認為「出了社會也用不到」的這些知識，真的完全沒用、只是白白浪費時間嗎？或許每個人的答案都不一樣，但對我而言，絕對不是白費工夫。

儘管表面上看起來，各科目的學習只是單純地把知識塞進學生腦中，但它們其實是根據一定的脈絡，在彼此相關的狀態下進行。就這樣，我們透過各科目的學習，無意識地在腦中建立起參考架構。

　　如果再把時間往前回溯，從出現在母親的子宮裡開始，到眼下你拿起這本書來讀的這一瞬間，腦中建立參考架構的作業從未停止過。

　　只不過，出社會之後的學習與體驗，不像學生時代那樣會有人幫忙安排，所以無法在有系統和關聯的狀態下，被動地建立並擴大參考架構。

　　因此，我希望各位社會人士在建立參考架構時，能以明確且有意識的方式，建立更精緻、更具特定意圖的結構。

　　「我對參考架構有點概念了，但這與量子思考有什麼關聯呢？」

　　接下來，就為這些有此疑問的讀者提早揭開謎底吧。**目前為止所介紹的「量子思考」，就是以「有意識建立高品質（包含量子領域在內）的思考架構」為基礎，並構築於此的思考方式。**

我如何建立自己的參考架構

前面關於參考架構的介紹比較偏向概念性的說法，接下來就根據我自己的經驗，說明我如何建立參考架構吧！

我為什麼能建立「參考架構」？

大學畢業後，我進入日立電子工作，擔任迷你電腦（指的是能處理的容量介於大型電腦主機與個人電腦之間的中級電腦）的系統工程師。

簡單來說，我在日立電子的工作，就是去拜訪各個研究機構，打聽進行中的研究內容，並提出類似這樣的建議：

「關於這項研究，可以在這部分用電腦進行自動化喔！」

這些研究涵蓋的領域五花八門，有醫學也有物理學，我必須在一定程度上學會這些專業領域的知識才行。如果缺乏知識，

就無法與這些研究者討論；而且在知識不足的情況下，即使提出建議，也不夠精準，只會輸給競爭對手。

所以，首先我必須了解這些人投入的是什麼樣的研究，以及他們想做出什麼成果。

因此，我在拜訪過研究機構後，都會在回程時順道前往書店，針對當天所聽到的專業知識，尋找相關的書籍。

我刻意避開厚重的正統專業書籍，盡量挑選輕薄、字大、插圖多，而且能約略掌握整體概念的書，透過它們學習相關知識。

因為這些書的字都很大，插圖又多，就算仔細閱讀，也只需要花費 1 個小時左右。我稱這種讀法為**「一知半解」**，細節的部分不懂就算了，只專注於理解自己看得懂的部分。

只要能達到一知半解的狀態，我就能**大致掌握：**

「那位老師想說的事、想達成的目標，應該是這個。」

我以這樣的理解為基礎研擬提案，後來也從研究者那裡得到這樣的評價：

「雖然有些地方理解錯誤，但這傢伙懂我正在做的東西。」

持續執行「一知半解閱讀法」的結果，當時的我每年大約能讀 200 本書。我在日立電子待了 8 年，換言之，這 8 年裡，

我總共讀了約 1500 本不同領域的書。

　　我竟在不知不覺間讀完數量如此驚人的書。有些人會鎖定某個領域，專注閱讀相關書籍；而儘管我在各領域都只有「一知半解」的程度，但環顧全世界，讀完 1500 本書的人應該寥寥無幾。

　　讀過 1500 本橫跨各領域的書籍後，我不只發現各領域之間的相關性，也逐漸看見共通點。不斷重複這樣的過程，我從某個時間點開始，就能清楚「意識」到腦中的參考架構已經建立起來。

　　在那之後，每當我遇到全新領域的研究者，聽他們說該領域的研究內容，並閱讀簡單的解說書籍後，就能感覺到腦內「知識參考體系」（參考架構）的「縫隙」被逐漸填滿。

　　或者當我得到什麼新知識時，我開始能**直覺感受到：**

　　「這項知識，好像跟之前讀過那本書提到的知識有關。」

　　除此之外，關於想像「什麼產業在今後會將更有發展」或「哪個領域會如何發展」的能力也開始可以精準運作。

　　我離開日立電子後的職涯，以及前面提到《日本經濟新聞》

的「指南針」專欄，都可說是建立參考架構後的成果。

換句話說，建立參考架構，**就是建立超越領域或類別，找出相關性與發展性的思考基礎**。有意識地建立參考架構，想必也能成為獲得巨觀視角，培養靈活度的訓練。

「拼湊」也是很有正面意義的

當有關量子電腦開發與智慧城市的新聞出現時，媒體都會來尋求我的意見。為了回應他們的要求，我會盡可能給出評論，結果反倒經常讓這些媒體感到驚訝，紛紛問道：

「為什麼您連這些領域的事都知道得這麼清楚呢？」

「為什麼您能如此正確地說中今後的展望呢？」

「您究竟掌握了多少情報啊？」

這時候，我會回答他們：

「這些都是我『**拼湊**』出來的喔！」

但我想**這其實應該就是參考架構的效用**吧？

只要建立了參考架構，不論什麼樣的主題都能靈活應對，**思考也不會只局限在與這個主題相關的領域，更能一口氣拓展到周邊其他範圍。**

　　只要將範圍廣泛的知識儲存在腦中，就能從乍看之下無關的抽屜裡援引資料，也能突破自己目前面對的課題，甚至還能想到全新且超越日常感受的方法。

　　即使不知道的事情還是不知道，但參考架構越充實，就越能培養出「拼湊」其他領域知識以克服難關的技術。

　　「拼湊」絕不是用來撐場面的半吊子伎倆，**而是以寬廣的視野接觸事物、感受本質、建立參考架構才能獲得的技術。**

為什麼大家叫我「幸運的村上」？

　　接下來跟各位說明，上述這種奠定在參考架構上的「拼湊技術」，對日後的我帶來什麼影響。

　　我離開日立電子後，在 1978 年時跳槽到當時的世界級電腦大廠——美商迪吉多電腦（Digital Equipment Corporation, DEC）的日本法人，並曾被選為開發人工智慧（AI）機器的「第 5 世代電

腦計畫」負責人。這是當時通商產業省（現在的經濟產業省，相當於經濟部）在 1981 年開始的計畫。

當時 DEC 總公司送來了塞得滿滿的一箱 AI 學術文獻，沒想到我轉眼間就閱讀完畢，除了加深了對人工智慧的造詣，甚至讓我被稱為「AI 先生」。

我以驚人速度讀完大量資料的事蹟，變成了小小的傳說，但這只不過是因為我實踐了自己最擅長的「一知半解閱讀法」。

坦白說，我**仔細閱讀的部分大概只有 3 分之 1**。但只要借助自己過去培養出來的參考架構，就能發現**其餘的 3 分之 2，多半是重複那 3 分之 1 所提到的內容，稍微讀過去就夠了**。只要從裡面挑出新的事實來讀，就能得到本質上的理解。確實，日後執行計畫時，我並未感到知識不足。

不懂的事情就不懂，憑藉著腦中參考架構的巧妙「拼湊」，讓我能以人工智慧專家自居，成為日後職涯的墊腳石。

1986 年，我被調往 DEC 美國總公司的人工技術中心，有幸在這 5 年期間，進一步深化在 AI 領域的見識。

過了很久之後，我獲選為 Google 副董事長兼日本法人董事

長。而曾參與 AI 開發的過往，似乎就是我被拔擢的主因。

話雖如此，「AI 先生」的稱號是過去的事了。老實說，我被 Google 挖角時，已經跟不上更進一步發展的「自然語言處理」「機器學習」與「類神經網路」等最新的人工智慧技術。

但是 Google 的執行長艾立克·史密特在僱用我時，這麼對我說：

「我自己也不懂 AI 的最尖端技術，但是你一定可以表現出很懂的樣子。」

這也是因為我長期磨練「拼湊」技術，才能獲得的機會。就我的感覺來看，Google 的年輕員工，對於從人工智慧與電腦的黎明期開始，就一直待在業界的我很是佩服，期待我這名擁有知識與經驗的老將，能在 Google 拓展版圖時帶來一些貢獻。

回顧我的職涯，許多人稱呼我為**「幸運的村上」**。我確實也覺得自己因為「運氣好」「走大運」才能擁有今天的成就。

但我更深信，為了召喚這樣的幸運，在步入職場後仍大量閱讀、累積知識、不斷建立與擴張參考架構，是不可或缺的努力。因為我扎實地付出了這些努力，才能有這樣的幸運、這樣的經歷吧？

伊隆・馬斯克大顯身手的理由

　　我認為，**特斯拉及其執行長伊隆・馬斯克，正是以企業等級的規模建構並有效運用參考架構的案例。**

　　不用說大家也知道，特斯拉汽車是目前世界上最大的電動車公司，但馬斯克卻來自 IT 產業，以彷彿製造個人電腦般的思維製造電動車。我之所以能如此斷言，**原因在於電動車的零件數量比傳統的汽油車少，更接近個人電腦**（減少的幅度甚至可說是「驟減」）。

　　馬斯克的發想，則更往前推進一步。

　　首先，既然電動車接近個人電腦，那就學習最成功的電腦公司戴爾（DELL）的商業模式吧！所以和戴爾剛起步時一樣，特斯拉採取的是接單生產的方式。

　　而對電動車來說，無論從成本或外形來看，影響最大的零件都是電池，因此他將電池視為核心競爭力（競爭公司無法模仿的

關鍵技術），借助電池供應商 Panasonic 的力量，建造自己的電池工廠。

此外，他也從「電動車停放在家裡時，電池也可提供家用電器使用」為發想，得到必須解決家庭能源問題的結論，因此也進軍家用太陽能板產業。

大約從這時開始，馬斯克似乎察覺到電動車與家用產品在零件品質管理上的差異。

沒想到，他突然進軍零件品質管理最嚴格的火箭產業，大肆談論「移民火星」的夢想。就在大家被他唬得一愣一愣時，成立了「SpaceX」，開發可重複使用的火箭。儘管這是一家獨力開發火箭的民營公司，他依然克服各種困難，達成了獲 NASA 採用的壯舉，取代原本挪用核彈技術的 NASA 火箭。

最近，他也進軍結合大腦與機械的人機介面領域，成立「Neuralink」公司，並已在植入豬腦的實驗中獲得成功。

據說豬是身體結構最接近人類的哺乳類，所以根據推測，植入人腦的實驗也將在不久後展開。

雖然人機介面被認為是 IT 技術的延伸，但我想馬斯克應該是考慮到移民火星或長期太空旅行的事吧？在下一個階段，人類為了在火星之類的環境存活下來，或許必須得到新型態的身

體，譬如變成與機械融合的生化人，因此人機介面有可能是做為這項必要性的回應。

從這些例子中可以看出來，**馬斯克絕對擁有出類拔萃的參考架構，並能在這樣的參考架構上，運用跳脫常識的量子思考。**

我們也應該像馬斯克一樣，根據不同需求，迅速存取適當儲存在這些知識參考體系——也就是參考架構中的知識與資訊。並藉由這種能力的運用，針對眼前的各種課題進行有效率且適切的探索。

如何建立豐富的參考架構

各位是否能理解建立在腦中的知識參考體系，也就是參考架構的重要性？

如果各位已有「參考架構」的概念，並具備在腦中建立這種架構的目標意識，那麼接下來，我們就可以在這個前提之下，介紹建立培養量子思考能力的參考架構方法論。

這裡提供以下幾種方法：

1、透過書籍、影片等途徑**吸收知識**

2、學習**博雅教育**

3、學習**量子力學**相關知識

4、培養**英語**能力

5、學會閱讀**財務三表**（損益表、資產負債表、現金流量表）與**合約**，做為社會人士的基本素養

現在還來得及克服「數字恐懼」

我還想補充另一個方法，做為第 3 項「學習量子力學相關知識」的前提條件，那就是前面不斷強調的**「克服對數字的恐懼」**。

我想透過本書幫助自覺不擅長數理的人，能在面對即將來臨的未來時**徹底消除對數字的恐懼，並破除一般視為常識的「文／理二分法」**，因為這麼做，將有助於形成參考架構。

我認為，不擅長數理科目的人之所以會害怕數字，多半是因為過去學習相關科目時遭受了嚴重的挫折。

即使是理組出身的人，在談論量子力學或量子物理學時，也很有可能一頭霧水。

就如同前面介紹的，量子力學與量子物理學的某些部分確實會背離我們的日常感受。就算過去念的是理組，或許也會產生甚至可說是「恐懼」的抵抗感。

由此可知，**就算是理組出身的人，也會覺得量子的世界充滿各種「沒想到」，所以即使是不擅長數理的人，也不需要認為「因為我念文組」而畫地自限。**

而可預見的是，**量子電腦與其他充分發揮量子力學的技術，將以無法讓人用「我聽不懂」為藉口的驚人速度，逐漸成為生活中俯拾即是的事物**，所以各位最好先有這樣的心理準備：在即將來臨的時代，把「我不擅長數理」當藉口，不僅對建立參考架構並沒有幫助，甚至會連活躍於最尖端的起跑線都站不上去。或者說，如果沒有這樣的準備，就會被時代拋在後頭。

　　接下來，終於要向各位說明如何打造量子思考的基礎，也就是建立豐富參考架構的方法。本書將由已廣泛學習各種（一知半解的）文理知識的我，以淺顯易懂的說明，幫助各位擊退對數理的恐懼，並有如身歷其境般掌握量子力學的基礎。

　　話雖如此，有些人可能仍認為「培養量子思考什麼的，還早啦」「還需要多一點時間克服對數理的恐懼」的狀態，所以不需要一開始就試圖完全理解。請抱持**「一知半解就夠了」的想法，「不認真」**（就好的方面來說）**地閱讀吧！**

成人更應該不斷輸入知識

如果想建立參考架構，並在未來的日子裡不斷擴張，首要就是**獲得做為材料的知識與資訊**。簡單來說，就是「讀書」「尋找更深入的訊息」＝「觀看深度報導或紀錄片」。

資訊來源不一定非得是文章。

在網路時代，透過影片學習也是建立參考架構的方法之一。除了每天播放的時事新聞，也必須對稍微冷門的領域抱持興趣，不斷致力於充實自己的知識參考體系。

這時候，有項不能忘記的重點，那就是**一知半解，換句話說，不以深入理解為目標，而是以似懂非懂的心情，專注在掌握接近本質的部分。**

不需要徹底理解所有的細節，也不需要記在腦海裡。

即使是乍看之下與自己人生無關的領域，也可能在一知半解地學習、豐富思考架構後，成為解決眼前某種課題的突破口。

而且就算目前找不到相關性，也可能在往後的人生中帶來

某種幫助。

接觸新的領域時，請別忘了將它與腦中參考架構的某個位置進行「連結」。就算現在無法理解細節，但**只要有「或許與那項資料有關」「這樣的見解或許也能應用在那個領域」之類的聯想力就已足夠。**

事實上，許多看似無關的領域，卻擁有類似的基礎。如果要用一個詞彙形容這種共通的部分，或許可稱之為**「本質」**吧！

本質有很多種，從各個系統衍生的領域就更多了。接觸全新領域能讓各個系統擴張，並提升知識階層架構的價值。

我想，前面提到馬斯克與特斯拉如何大顯身手的部分，就應該足以說明這麼做的效果了。

書籍 影片 ❷

利用科幻小說光明正大地「偷窺」別人的參考架構

我與編輯討論這本書時，被問到：

「您有沒有推薦什麼能幫助理解、建立參考架構的書呢？」

當時我的回答是「科幻小說」。因為「科幻小說」能直接看見作者的想像力，而想像力可說是參考架構的結晶。

如同前面提到的，我獲得了在 DEC 美國總公司人工智慧技術中心的工作機會，主要的工作內容是前往全美的大學與研究機構拜訪研究者，收集最尖端的研究資訊。

在走訪的過程中，我發現**人工智慧研究者的研究室與其周遭（走廊或公共空間）往往擺滿了堆積如山的科幻小說。**就我當時拜訪的好幾間研究室來說，不只能看到最新的熱門科幻作品，也能看到海外的相關作品與經典科幻名著。

當時的我不太能想像這些人竟然喜歡閱讀科幻小說，於是向某位老師請教。他告訴我一個合理的原因，那就是：

「現實生活中不太可能出現的創造性產物，卻能在科幻小說的描寫中與現實結合。這樣的創意，也為我們的研究提供找到全新突破口的指引。」

的確，科幻作品描寫的世界雖建立在現實生活的基礎上，但仍與現實有著某些歧異。那個世界也許擁有高度發展的科學技術，可能以歷史為基礎描寫某種「假設」，也可能有新的生物或細菌……卻都能說是作家根據自己的參考架構所勾勒出來的世界。

科幻作品中這些跳脫常識的創意，與其背景知識之間的連

結，剛好能刺激研究者產生跳脫常識的想法，並應用在自己的研究領域中，也能幫助我們建立、擴充參考架構。

無論是書籍、漫畫還是電影，**接觸他人的想像力與參考架構，都是有助於擴充自己參考架構的絕佳機會。**

請一邊欣賞這些作品，一邊實踐吧！

| 博雅教育

接受傳統教育的人，更應該積極學習

博雅教育也有助於建立充實的參考架構。尤其是接受傳統高等教育，也就是認真讀完 4 年制大學的人，更應該有意識地持續接受博雅教育。

博雅教育就相當於「追究沒有答案的事物」以及「提出新的問題」這 2 種能力。

但學校的課程多半未充分培養學生博雅教育的素養，只要與其他國家的大學課程比較就知道了。

舉例來說，在美國，以博雅教育為主的學院是學生主要的

升學選擇。學生在這裡廣泛培養一般素養，學習博雅教育的基礎後，才選擇法學或醫學等各自想精進的研究所。

這種傾向在哈佛大學與加州大學等頂尖大學更是明顯。

海外重視博雅教育，優秀的年輕人在進入專業領域前，更應該確實學習。

反之，我國現行的教育中，很早就把學生分成文組或理組；一進大學就分成法學或醫學等學系。一旦選擇了某一門學問，就只顧著埋頭鑽研，完全不看其他事物。所以很遺憾的，就現狀而言，我們很難培養博雅教育的素養。

這樣的教育體系，**雖然比其他國家的學生更有機會學會別人推導出來的答案（知識），卻缺乏機會學習如何提出新的問題、如何面對沒有答案的事物。**

接受現行的教育，雖能獲得高度專業的知識，卻有想像力貧乏的傾向，難以透過廣泛的視野，從各方面檢視眼前的課題並克服。

不得不說，這種教育方式讓我們在「產生高度創造力的革命性創意」這方面，遠遠落後先進國家。

我們所面對的課題，應該是對博雅教育理解不足吧？話說回來，傳統教育原本就連博雅教育的概念都沒有，或許正因為沒有這樣的概念，才會陷入難以建立並擴充參考架構的窘境。

因此，請各位讀者致力於學習博雅教育，藉此建立並擴充參考架構吧！這麼一來，就能拓展視野，獲得不論時代如何改變都能適用的思考力。

可納入參考架構的不只有語言。拿藝術家為例，他們就是以繪畫或音樂等為主體，建立自己的參考架構。

人類是透過語言思考的生物，所以難免會想將事物語言化；但要透過博雅教育相關領域擴充參考架構時，**不拘泥於語言**或許也是很重要的事。

▌量子力學 ❶

Google 可以用「某項公式」說明

在就連許多理科生也未曾學過的領域中，我尤其推薦文組出身的各位學習「量子力學」。

前面也提過，「量子思考」這個名稱來自於量子力學。

如果你希望在瞬息萬變的世界裡發揮自己的能力、活躍於

第一線，請務必自己的參考架構中新增「量子力學」的區域。

為什麼我們應該學習量子力學呢？

因為量子力學所描繪的世界，與我們熟悉的常識有著根本上的差異；而且在未來改變世界的技術中，它也處於最尖端的位置。我想即使在「一知半解」的狀態下讀到這裡的讀者，也已經懂得這個道理。

不需要太認真深入思考「真的是這樣嗎？」之類的問題，因為「一知半解」就可以了，請抱持著「沒錯沒錯」的想法，抬頭挺胸往下讀吧！這才是量子思考的態度。

我再強調一次，「量子力學」以及由此發展出來的「量子物理學」所揭示的世界觀，即使修過數理相關課程，也無法輕易就理解。

只是一般來說，自稱「理科人」的人一看到數學公式，就會很自然地接受它，或者該說有「不管再怎麼困難，只要有公式就能學起來」的想法。文理之間的差別，說不定就在於這樣的氣勢；至於「理解跳脫常識的世界觀」這一點，應該沒有太大的差別才是。因此，面對量子思考時，「任何人都必須培養超越框架的思考法」這點，其實跟念什麼科系完全無關。

第一次閱讀時，
從這裡到 104 頁可以先跳過。

舉例來說，我剛進 Google 的時候，公司的成立概念完全是以理科思維出發的。當時的總公司租了 3 幢稱不上大的大樓，並分別取名為「e」「i」「π」。

這 3 個乍看之下沒什麼意義的字母，背後其實有其由來：

「e」是一個常數，代表的是「自然對數的底數」。如果說明得更具體一點，它的值是 2.71828……

「i」是指大家都知道的虛數，換句話說，就是平方後會變成「-1」的數。

至於「π」則是圓周率，大約等於 3.14。這也是大家都知道的。

至於為什麼 Google 會選擇這 3 個數做為大樓的名稱呢：因為這 3 個數之間存在著這樣的關係：

$$e^{i\pi} = -1$$

也就是「e 的 i π 次方等於 −1」。這樣的關係稱為 **「歐拉恆等式」**。

這些大樓的名稱，正象徵著 Google 建立在理科思維的概念上。

Google 其實是一間
「量子思考型」公司

許多人雖然應該都聽過「i」與「π」，但很可能是第一次聽到自然對數的底數「e」，所以在此稍微說明一下。

首先說明的是「對數」。請想像某數的 n 次方。

譬如 10 的 n 次方好了。10 的 2 次方是 100，3 次方是 1000，沒錯吧？那麼如果反過來問：「100 是 10 的幾次方？」這就是「對數」的概念，寫成「log」。

換句話說：

log100=2

這個公式的意思就是：「100 是 10 的幾次方？答案是 2（次方）」。

那麼，如果換成

log1000=3

這個公式的意思就是：「1000 是 10 的幾次方？答案是 3（次方）」。

這個詢問「10 的幾次方？」的對數稱為「常用對數」，其「底數」就是 10。

接下來，終於要進入「e」的說明了。如果問：

「假設有 1 個數，這個數是 e 的幾次方？」

這就稱為「自然對數」，寫成「ln」。

那麼，

log10 = 1

沒錯吧？這個時候如果你腦中立刻浮現「什麼？為什麼？」的想法，這就是數理恐懼又發作了。

盡量以簡單的方式，
「一知半解」地思考吧！

因為 log10 就是在問：「10 是 10 的幾次方？」
10 當然是 10 的 1 次方啊！

那麼 ln10 呢？答案就不得而知了。

就算換個說法，改成問：「10 是 e 的幾次方？」也同樣答不出來（其實答案是 2.30258509……只要在 Google 搜尋「ln10 =」，就會出現這個數字，不妨試試看）。

總而言之，自然對數，也就是 ln 的「底數」是「e」，而「e」也被稱為「納皮爾常數」（Napier's Constant）。

我想到這邊，大家對於 Google 是以理科思維幫大樓命名這一點，應該沒有疑慮了；而且幾乎也沒有人完全不曾在生活中接觸 Google 及其服務，所以我認為不能再用「我是文科生，這些與我無關」當藉口了，大家覺得呢？

量子力學 ❷

為什麼說 Google 這個組織建立在「量子力學」的概念上？

第 1 次閱讀時，可以跳過這個部分

　　好的，我想各位已經一知半解地掌握了「歐拉恆等式」的構成要素。接下來將針對「歐拉恆等式」做更進一步的說明，補強 Google 與量子力學的深入相關性。

　　前面已經提過，「歐拉恆等式」就是：

$$e^{i\pi} = -1$$

　　其實，這個公式源自以下的公式，也就是「歐拉公式」：

$$e^{i\theta} = \cos\theta + i\sin\theta$$

　　如果用 π 代入 θ，則，就會得到前面提到的「歐拉恆等式」。

為什麼要特地介紹這個公式呢？因為我相信有許多人一直很努力想克服「數理恐懼症」，這些秉持著認真態度的人在聽到「e 的 i π 次方」時，想必會問：

「『π 次方』還勉強可以理解，但『i π』完全搞不懂。可以好好說明一下嗎？」

我想「歐拉公式」可以透過圖 3-2 來說明。

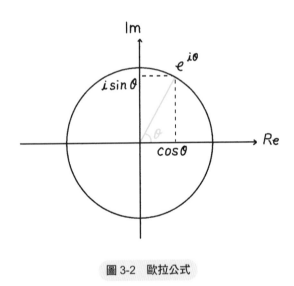

圖 3-2　歐拉公式

這張圖是畫在複數平面（complex plane）上「半徑＝1」的圓。所謂的複數平面，是縱軸表示「虛數」，橫軸表示「實數」

的平面。

「虛數」指的是平方後會變成負數的數，i 則是其基本單位——只要想像 2i、2.5i、3i 之類的數即可。英文稱為「imaginary number」，直譯就是「（實際上不存在的）想像中的數」。

「實數」則是普通的數。英文稱為「real number」，直譯就是「（實際上存在的）現實的數」。

為什麼要用這個平面進行說明呢？因為我希望各位想像一下由「實數與虛數合併而成的數＝複數」。譬如「3+2i」或是「5-3i」。

這些複數，可以用複數平面上的點（3，2）與（5，-3）表示。

在前面的圖中，「e 的 iπ」次方其實就是複數，可以用（cos θ，sin θ）的點來表示。

而在量子力學當中，由下列公式所定義、名為「指數函數」的函數，發揮了極大的作用。

$$e^{ix} = \cos x + i \sin x$$

無論是前面關於歐拉恆等式的冗長說明，還是 Google 將建築物取名為「e」「i」「π」，都不只因為這些是理科思維的緣故，也能嗅到量子力學的存在。

就這方面來看，可說 Google 從創立之初，就是一家「量子思考式」的公司。

量子力學 ❽
如何不使用公式進入量子力學的世界

 接下來先暫時把公式放在一邊，輕鬆讀下去吧！

讀到這裡，努力想要克服數理恐懼的讀者，想必應該精疲力盡了吧？

雖然許多人都具備由牛頓力學的常識建立起來的參考架構，但在其中**融入「量子力學」──描寫跳脫常識的量子行為，想必也有很大的意義。**

我深信自己在相對年輕時就接觸到量子力學，對於建立參考架構帶來相當大的影響。

高中時的數學老師，讓我對量子力學產生強烈的興趣。

這位老師重視學生的自主性，上課時允許已理解課程內容的學生主動學習接下來的單元。於是我不斷地超前進度，不知不覺間就快把高中數學的內容都學完了，這時老師推薦我閱讀是喬治・加莫夫所寫的《物理奇遇記：湯普金斯先生的相對論及量子力學之旅》。

由於是很久以前讀的書，記憶已經有點模糊了，不過我記得這本書附有插圖，以解說量子力學的世界，描寫主角湯普金斯先生化身為粒子，同時通過兩道門、穿越牆壁等極為不可思議的現象。

根據這本書所說，**「這些不可思議的現象，正是學完高中數學與物理學之後，更進一步的結論。」**這句不可思議的話，同樣讓我深深著迷。

湯普金斯先生被捲入日常生活中不可能發生的神祕現象。而老師雖然沒有明說，但我想他企圖透過湯普金斯先生告訴我：

「雖然你為了考大學，不得不去解課本或參考書的數理問

題，但數學與物理並不是這種考試用的學問。做為解開宇宙奧祕的工具，這些學問勢必還會繼續發展下去。」

雖然我沒有成為直接解開宇宙奧祕的研究者，但當時讀到湯普金斯先生的故事、接觸量子力學，對建立自己的參考架構帶來莫大影響，視野想必也因此變得更加寬廣。

雖然量子力學既神祕又跳脫常識，但同時也是解開我們心中之謎的關鍵，請大家務必將這門學問加入自己的參考架構。

▌量子力學 ❹

用「一知半解」來理解量子力學

話雖如此，我的意思並不是呼籲大家致力於學習量子力學，把這門學問完全弄懂。因為就連學會量子力學基礎方程式之一的薛丁格方程式，都需要理解偏微分方程式、線性代數、傅立葉轉換之類的高等數學。

即使對於理工學院的學生來說，這些學科仍然相當困難，像我們這樣的普通人想完全弄懂，只能說是不自量力。

因此，做為幫助大家「一知半解」地理解量子力學的指南，

本書只會介紹量子力學的基礎及其涉及的相關領域。

再強調一次，**對數字有強烈抗拒感的人，請先跳過那些覺得「應該看不懂」的部分，等到深入理解量子思考後，再重新把整本書讀過一遍。**

至於覺得自己「好像還可以多挑戰一下」的人，不妨尋找量子力學相關書籍來讀。剛開始不要挑選那些很困難的專業書籍，最好選擇只介紹大致概況、介紹其輪廓的書；附有插圖的書或許比較好，因為這樣的書更容易在腦海裡留下印象。

除了書籍，也可以觀看影片，譬如 NHK、國家地理頻道、Discovery 等頻道關於量子力學最新發展的介紹或紀錄片等。

過去未曾把觸角延伸到量子力學的人，也請帶著興趣去接觸。

英語 ❶

「英語」是無可避免的

接下來要討論的是「英語」。但這裡並不是像量子力學那樣，要請大家在自己的參考架構裡擴充英語此一領域，而是為了建立更豐富的參考架構，必須**「使用」英語學習。**

隨著網路的發展，無論是最新的消息、最尖端的技術，或是最新的科幻作品，發生在全世界各個角落的事情都能很快地傳播出去，即時共享。無論各位是否同意英語已經取得全球性語言的地位，確實有**無數資訊只能透過英語取得、無數書籍只能用英語閱讀。**

就現狀而言，如果只是等待別人提供翻譯成國語的資訊，那麼別說取得資訊的速度了，就連其品質與內容都會產生偏差。

我想強調的是，現在光憑「學習」英語，已不足以獲得必要的英語能力，**現在需要的基礎英語能力，必須達到能「使用」英語學習的程度。**

進入近代後，由於東西方交流帶來的碰撞，許多前輩在接受前所未有的刺激之餘，也透過自身厚實的知識，將歐美國家的各種知識翻譯成國語，使得後世的子孫們，得以用熟悉的語言在自己的國家接受高等教育。

然而時至今日，我們不得不承認，只能以國語接受高等教育是完全不夠的，難有優勢不說，在某些方面反而變成了枷鎖。

此一事實明顯表現在國內大學在國際評鑑的排名始終難以提升。

在這裡要為各位介紹的，就是「國際文憑」（International Baccalaureate, IB），它是一個非營利性的國際教育基金會，且其文憑的國際認可性很高，受到世界許多國家的知名大學承認；其中特別值得注意的，是它的大學預科課程（Diploma Programme, DP）。

這是一個 2 年制、以 16 到 19 歲學生為對象的課程，只要通過結業考試、取得及格以上的成績，就能取得獲國際承認的大學入學資格（國際文憑資格）。

原則上，國際文憑的課程以英語、法語或西班牙語進行。

英語 ❷

國中英語就夠用了

想要以英語學習各種知識，只要有國中程度就夠了（字彙量倒是另一回事）。

「但我連國中程度的英語能力都沒有啊！」

我彷彿聽到有人這麼說。針對這樣的讀者，我有 1 種學習法想推薦給各位。

請先購買 7 年級的英語課本。話說，最近的課本也都會另外製作由母語者朗讀的音檔（或是製成光碟，或是直接透過課本上的 QR code 連結），也請一併準備好。

各位要做的事情，**就只有每天花 1 小時聽音檔，同時跟著朗讀者的聲音把教科書的內容讀出來。**不必要求自己「記得」，只要專心致志地跟著朗讀就好，彷彿跟著和尚朗誦經文一樣。

過了 1 個月，無論走在路上，還是搭乘大眾運輸工具，這 1 個小時的英語課文就會開始在腦中「播放」。到了這種程度，就可以進入下 1 個小時。

讀完 1 年級的範圍後，接著再讀 8 年級、9 年級的課文。

只要經過大約 1 年，大腦就會開始在走路或搭車時「播放」國中 3 年的英語課文。這就是「學會國中英語」的證據，如此一來，你就能擁有「使用」英語學習所需要的英語能力。

附帶一提，姑且不論字彙量，**這種程度的英語已經足以輕鬆應付海外出差。**

因為你等於已培養出足以應付諸如國際線與國內線的轉機、辦理飯店入住手續、在餐廳點餐等海外出差時需要的英語能力。

換句話說，只要大約在出差前 1 週，及早訓練理解機場廣播、飯店入住手續、點餐等海外出差需要的英語表現，就足以應付相關的需求。

就像這樣，如果只需要「反覆朗誦國中課本，直到不管走路還是搭車都會在腦中自動『播放』英語」，即使是覺得「培養出足以使用英語學習的程度很難」的人，應該也能試著進行，不是嗎？

金錢 ❶

職場首重「對錢有感」

無論在什麼時代，金錢都是與生活密不可分的存在。不管時代如何改變，**必須對金錢保有一定敏銳度**都是無可撼動的不變真理。

所以無論你主修哪個學科，或從事什麼樣的職業，我都**強烈建議你學習看懂財務三表（損益表、資產負債表、現金流量表）。**

我畢業於理工科，也從事工程相關職業，因此過去的我原本完全不具備任何**財務金融相關知識**。

進入日立電子後，我最先學習的不是電腦，而是以記錄進料、往來公司財務狀況為主的工業簿記。

「不會吧，我又不是學商的，也必須懂簿記嗎？」

進了公司之後，我對此大吃一驚，前輩卻對我說：

「我們公司追求的，不是運作最快的產品或尺寸最小的產品，而是最賺錢的產品。」

聽了前輩的話，我就懂了。就算是技術人員，**如果想成為能幫公司獲利的一員，就不能對財務 —— 尤其是公司的財務 —— 一無所知。**

當時的我有沒有辦法詳細理解簿記這回事另當別論，但這項經驗絕對在我擴充參考架構時帶來極大的幫助。

了解在職場上擁有財務敏銳度（換句話說，對錢有感）的重要性，讓我即使從事工程技術工作，也能擁有最基本的財務知識。這樣的累積，不但有助於我日後轉職為業務，甚至能進一步擔任公司董事長。

因此請務必訓練對金錢的敏銳度 —— 也就是解讀財務三表的能力。

不過，再強調一次，我們的目的並不是要成為簿記或會計

專家。書店裡關於「解讀財務三表」的書籍多到令人眼花撩亂，請從中挑選「最薄、字最大、圖最多」的書，花 1 個小時左右讀到一知半解即可。

以「全球標準」為策略，不會讓你白費力氣

附帶一提，若能使用英語學習會計學或簿記概論等科目，既可以把活躍於全球當成目標，也能磨練在職場上重要的財務敏銳度，稱得上一舉兩得，甚至三得。

比如說，既然都知道「資產負債表的英語簡稱是 BS」（Balance Sheet），不繼續使用英語未免太可惜，乾脆全部都用英語來學吧！

大家或許會覺得，使用母語學習會計學或簿記等科目是理所當然的事情，但實際上我們所學習的也不算什麼「母語」，這些語詞多半是 19 世紀創造出來的新詞彙——就像「簿記」是英文「bookkeeping」的音譯，跟外語沒什麼兩樣。

既然都用這些與外語無異的新名詞學習，不如用全球化人才必懂的英語更自然。

儘管如此,我並不建議各位直接拿起「英文會計」的課本。因為這個科目是設計給已充分具備會計與簿記知識的人,讓他們將已學到的東西與英語重新連結,所以並不會親切地從會計與簿記的基礎知識教起。

　　因此請無視這種「先用母語學習會計與簿記,再讀英文會計課本」的迂迴課程,一開始就用英語學習吧!

　　實際上,已經有人發現,用翻譯後的新名詞來學,反而不如用原文來得更好懂。經常提到的例子之一是「銷貨成本」。

　　商品買賣是做生意基本中的基本,採購商品時,通常會一次買進一大批;但販賣時,通常是一個一個地賣。

　　許多會計與簿記概論的初學者會陷入一項基本的誤解,以為「銷貨成本是業務員推廣商品時的花費」。但銷貨成本的英文是 COGS(cost of goods sold),意思是「所賣出商品的(直接)成本」。在 COGS 這樣的表達方式中,也帶有「完全沒提到未售出之商品」的意涵。

　　附帶一提,賣剩的商品稱為「存貨」,會被列入資產當中,英文稱為 inventory……不過深入探討這點並非本書的目的。

　　就如同 COGS 這個典型的例子,使用英語學習遠比使用國

語更容易理解。

　　如同前面提到的，已經有人發現了這件事情，所以現在出版的書籍中，已經有一些書直接用英語傳授會計與簿記（例如以「財經英文」「財務會計英語」等為主題的書）。

不要覺得看懂合約很麻煩

　　合約與簿記、會計等有關職場的財務話題密不可分。

　　其實合約的學習屬於法律範疇（以科目來說，應該是「法學概論」），但其中也充滿了數量不亞於會計與簿記的難解專有名詞。

　　所以我也建議，一開始就用英語來學習。

　　某方面來說，英文合約的功能可說與英文會計不相上下。應該也有一些想為全球化時代而準備的讀者，認為「說到商業英語，至少該學會讀英文合約」，於是找來了一些相關書籍，卻遇到許多以前未曾看過的困難單字，反倒覺得不知所措吧？

　　學習解讀英文合約絕對不是白費工夫，但比這更重要的，依然是連法學概論也要用英語學習。

對了解這個社會的基本運作來說,會計、簿記、法學概論等科目含有相當具體的內容,所以請務必將「使用英語學習」當成職場上的基本素養來培養。

Quantum thinking

不管所學為何，
未來都已經近在眼前

下一章，我將請大家繼續把參考架構往「量子力學」擴張。

我在這裡再次斷言，理解本書所說明的事物與你念什麼科系無關。至今我曾對許多人提過本書中的相關內容，而他們都對我說：

「怎麼不早點用這種方式跟我解釋?!」

事實上，**如果只是談到狹義相對論，用國中程度的數學就能說明。**

為了幫助嚴重害怕數理的各位鼓起勇氣，本書儘管會在出現公式的部分標明「第 1 次閱讀時可以跳過去」，但實際上，如果沒想太多就這樣往下讀的話，就會發現這些都是各位原本就能理解的說明。

無論是：

「我跟得上公式的說明，但這些公式代表什麼意思呢？」

還是：

「我很忙，但想快速了解量子電腦的重點。」

都請安心地往下讀。

我之所以花這麼大的力氣，邀請大家進入理科與量子力學的世界，有幾個理由：

就現在所使用的電子式數位電腦來說，許多程式碼都已經不是祕密，甚至有些程式根本不需要編碼，或是 AI 也已能源源不絕地寫出程式碼。換句話說，**今後的「程式設計師」，很快就會面臨必須為量子電腦寫程式的時代。**

所以非得具備最低限度的量子力學基礎知識不可。

本書的說明，想必能帶來莫大的幫助。

還有一點，就算不是程式設計師，現在也不可能過著不使用電腦或手機的生活。電腦早就完全融入大家的日常。

我想許多早已習慣使用電腦或手機的人，能憑感覺分辨哪些事情電腦／手機做得到，哪些事情做不到。

但是**量子電腦出現之後，這個「做得到・做不到」的基準，很有可能大幅改變。**說得更極端一點，甚至連大家平常使用的文書處理軟體、電子郵件軟體、網頁瀏覽器的狀態都有可能產生變化。

如果一直站在使用者的立場，享受這些新登場的商品與新服務、被動接受這些變化也沒有問題。**但如果日後想創造某些新價值、開創新事業，一味被動接受只會讓自己跟不上變化；尤其以「世界頂尖」為目標的人更是如此。**

順應這種重大環境變化的武器，是所謂的「理科思維」，也是理解量子力學的基礎。

這類概念早已在全世界扎根；又或者說，世界上許多教育體系早就沒有所謂「文組」「理組」的差別。換言之，這個世界已慢慢準備邁入新時代。

為了不被這股巨大浪潮吞噬，請各位加深對基礎數理的理解，方法就是一知半解地理解這本書──只要做到這點即可。

我會等著各位來挑戰。

第**4**章

量子電腦，
21 世紀商業與科技的基礎

量子電腦的原理：
只看有趣的地方就可以了

　　為了能在你的參考架構中加入量子力學相關領域，本章將介紹幾個饒富趣味的主題，引領各位走進量子力學的大門。如果能事先了解這些主題，對於邁入下一個時代來說，只有好處沒有壞處。

　　量子力學是引領人類歷史進入下一個階段不可或缺的學問。

　　透過本章，你應該能夠預見，只要**深化關於量子力學的知識，就能搶先一步掌握全新到來的時代新標準，並獲得許多好處。**

　　不過，我不打算連量子力學的深入內容都在這裡介紹，只希望各位讀完後，能覺得自己「好像懂」量子力學與量子電腦。

　　這種「好像懂」的感覺，比想像中更重要。舉例來說，我們「好像懂」眼前的電腦是透過「0」與「1」的 2 進位運作的。

電腦的確是透過 2 進位運作沒錯，但許多人其實並不懂為什麼光靠「0」與「1」就能讓電腦動起來；只是就算不理解，我們還是可以憑著常識操作以「0」與「1」驅動的電腦。無論是量子力學、量子電腦，還是接下來要介紹的特殊相對論，我的目標都是一致的，那就是**希望各位能「憑著常識」操作**。

因此，我不會列出複雜到讓人不想看的公式，或是難以理解的專有名詞與解說等，請各位放心。

量子力學已經間接地與我們眼前的世界產生相當程度的關聯，而在不久的將來，量子力學（與從中發展出的量子物理學）直接影響世上一切的時代絕對會到來，接下來的內容將依照這樣的脈絡進行。

巨觀的古典力學，微觀的量子力學

就如前面曾提過的，「量子力學」是相對於「古典力學」的名詞。在我們眼前的世界裡，凡是能用雙眼看見的現象，幾乎都可以透過古典力學說明，但如果將世界切割得更細小，從微觀的角度觀察原子或電子等基本粒子層級的各種現象，就會

涉及「只靠古典力學似乎不太可能解決」的領域。而量子力學與從中發展出的量子物理學，就是能說明此一領域的學問。

在足以用古典力學說明的巨觀世界中，量子現象只是沒有直接登場而已。換句話說，**古典力學在今後的日常生活（巨觀世界）中依然通用。但研究基本粒子層級的微觀世界時，就必須借用量子力學與量子物理學的力量。**

這裡再次介紹古典力學與量子力學的差別。簡單來說，古典力學是：

「0 的狀態與 1 的狀態有明確的界線，彼此獨立存在。」

相較之下，量子力學則是：

「既是 0 也是 1，存在著『彼此疊加的狀態』」

2 者之間有著常識難以理解的差異。

此外，如同第 2 章說明過的，量子具有「波粒二象性」的特徵，但再說下去就會進入複雜難解的部分，因此現階段就先不深究。

雖然還是有點不明就裡，總之，請各位先理解量子「同時兼具 0 與 1 兩者的狀態」就好。

量子帶給未來最大影響、也是今後最重要的技術，應該就是量子電腦了吧！在某些問題的運算上，就連超級電腦也很曠

日廢時，而人類正是把大幅縮短運算時間的期待，寄託在量子電腦上。

量子力學已經與生活密不可分

我們的身邊充滿了量子力學。

如同前面所說的，不管是化學課學到的元素週期表，還是「氫與氧以 2：1 的比例結合後，就會變成水」之類的化學反應，若沒有透過量子力學對電子的行為進行解析，就無法從根本上說明。

若以更日常的事物來說，使用在手機、遊戲機、電腦、影音播放器等物品的半導體（性質介於導體與非導體之間的物質），也一樣是透過量子力學研發出來的產品。

就連我們平常使用的工具裡，也蘊藏著量子力學的相關理論。這就是為什麼我會在本章開頭提到「量子力學已經間接地與我們眼前的世界產生相當程度的關聯」。

乍聽之下，量子力學似乎是個遙不可及的話題，但其實已

與我們的生活密不可分。

更進一步來說，量子力學無疑將透過今後的研究，與日常生活建立更密切的關係。

量子力學與從中發展出的量子物理學，將肩負起解開目前未解之謎的重責大任，可望**在世界掀起前所未見的革新**。

等到以量子力學與量子物理學為主體、各種「沒想到」的革新到來時，即使匆匆忙忙地塞進「沒聽過」「以前不知道」的知識，也只能說為時已晚。來不及站上時代最尖端的人，最後只能在外頭咬著手指，看著世界產生劇烈變化，自己卻遠遠落後。

因此，我想再次給各位建議：

「不要逃避量子力學，率先掌握相關資訊吧！」

就像我們都必須學習如何使用陸續登場的商用線上工具與軟體，或是熟練地操作新款手機，我希望各位在面對量子力學時，也能從「感受其必要性」並學習與吸收知識開始。

「量子類比電腦」
為人工智慧傾注新的希望

2 種量子電腦

重點1

先有量子電腦
「可能會帶來某種改變」的預感

　　首先，我想聊聊量子電腦。量子電腦相當於理解量子力學的入口，尤其各位今後看到的電腦，將會是這種新型態的電腦。

　　這種新型態電腦的登場，也讓目前使用的電子計算機因此改名為「古典計算機」（classcal computer）；就像量子力學登場後，牛頓力學也被改稱「古典力學」一樣。

　　在現代，電腦是「理所當然存在」的工具，它的普及讓人類的工作與生活變得與過去截然不同。文件與信件不再需要用手寫，只要敲打鍵盤再列印出來就能解決。不僅如此，還可以使用電子郵件或聊天軟體，傳達給對方零時差的訊息。

請大家想像一下：在電腦普及前，假如我們有想取得的資訊，就必須翻遍家裡、公司或圖書館等地方收藏的書籍與報紙，或直接詢問熟知這方面資訊的人士。但現在只要有能連上網路的電腦或手機，幾乎任何資訊都能立刻取得。

　　就像這樣，電腦影響我們生活與工作的案例可說不勝枚舉，我想正在翻閱本書的讀者，應該也有許多切身感受才是。

　　大家對量子電腦的登場與普及的期待，就和上述例子類似，甚至更高。換句話說，現在有許多先進國家與跨國大型企業都投入了龐大資金，**推動量子電腦的研究開發，其成果必然會大幅刷新我們的生活與商業活動。**

　　「知道將會發生某種重大變化的預感」，就是理解量子電腦的第一步。

　　根據運作原理，量子電腦可大致分為「量子退火式」與「量子閘式」2種。

先理解量子電腦分成 2 種就好

量子退火式被歸類為量子「類比」電腦，量子閘式則被歸類為量子「數位」電腦；雖然都是電腦，卻是以量子做出完全不同動作的裝置。因此，量子類比電腦與量子數位電腦能解決的問題也不一樣。

「類比」指的是透過電路「重現」

也請理解電子電腦同樣有 2 種

話說回來，我們平常使用的手機、桌上型電腦、平板之類的裝置，通常被歸類為電子數位電腦。我想現在幾乎不存在沒接觸過電子數位電腦的人吧。

電子數位電腦普及前的電腦，則稱為「類比電腦」。

嚴格來說，類比電腦也有2種，別是「電子類比電腦」與「非電子類比計算機」。

　　譬如計算尺（slide rule，通常由3個互相鎖定、有刻度的長條和1個稱為「游標」的滑動窗口組成。過去曾廣泛使用於對數計算，後來被電子計算機所取代）或英國數學家查爾斯・巴貝奇的微分分析器（differential analyser），就屬於「非電子類比計算機」，但這已經屬於歷史文物的範疇，在此就不仔細討論。

　　以下將介紹電子類比電腦，以做為認識量子電腦前的暖身運動。

理解電子類比電腦用來「做什麼」吧！

　　建構1組電路表現與「欲計算之微分方程式」等效的微分方程式，觀測該電路行為並計算此微分方程式的電腦，就是電子類比電腦（就微分方程式來說，「等效」指的是形式完全相同）。

　　「欲計算之微分方程式」，指的則是用來表現經濟社會與自然科學等各種現象「模型」（model）的微分方程式。

「彈性擺」就是個例子。請各位想像一下：

將彈性擺拉長後放手，彈性擺便會反覆上下振動，同時振幅也會越來越小，最後停在原本的位置。根據物理學知識，已知這是一種遵循既有微分方程式的現象。

這代表，即使不計算既有的微分方程式，也能藉由觀測彈性擺而理解其運動。

換句話說，能表現彈性擺振動現象的微分方程式，即為這種自然現象的數學模型，也就是「欲計算之微分方程式」。

這裡想強調的是，電子類比電腦並非直接計算「欲計算之微分方程式」（例如前面提到彈性擺振動現象的數學模型）的工具，而是根據能描述各種現象的微分方程式，建構將「等效」微分方程式模型化的電子電路，藉由觀測「電路的行為」達到**有如計算「欲計算之微分方程式」**的計算工具。

接下來要介紹的是電路。
第 1 次閱讀時可以跳過去

關於電路，這裡再稍微寫得詳細一點。電子類比電腦上配

置著許多如圖 4-1 般、標示著「C_1」「C_2」「I_1」「SC」「P_2」的電子零件，這些零件以稱為「跳線」的電線接在一起，構成電路。這項作業就稱為「電路設計」。

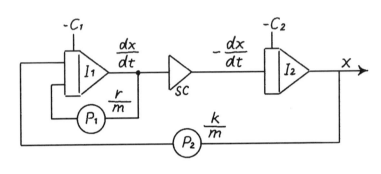

圖 4-1 電路圖

　　電路的行為通常是透過電壓觀測的。不過電路上的電壓有所限制，假設最大值是 10 伏特，那麼欲計算之現象的具體物理量，就必須以 10 伏特規格化。

　　所謂「以 10 伏特規格化」的意思，指的是「決定 10 伏特電壓相當於多少欲計算之現象的具體物理量」。

　　至於欲計算之微分方程式最初的係數，將隨著決定好的物理量而改變。因此，儘管它與建構在類比電腦上的等效電路微分方程式有著相同的形式，係數卻不一樣。

短時間內求得最佳解的「量子退火式」

　　像這種以電路構成等效微分方程式的工具，就稱為類比電腦。這種電腦之所以用「類比」來稱呼，是因為觀測的物理量（電壓）為「連續值」，而且這種計算方式使用的是與經濟社會、自然科學現象等模型「等效」──也就是「相似」的迴路來計算。

　　英語的「analog」這個字同時具有「連續性」與「相似的」2種涵義。

「量子類比電腦」已經存在！

　　這個使用相似電路進行計算的想法，也用在接下來將要介紹的量子類比電腦上，這種電腦稱為「量子退火式量子類比電腦」。

　　譬如人工智慧，尤其是近年備受矚目的機器學習所需要的頻繁計算，就是「求出最佳值的操作」。這裡所謂的「求出最佳值」並非實際進行計算，而是「藉由觀測與此操作等效的量子現象，以求出最佳值」。執行這項動作的就是量子類比電腦。

電子類比電腦利用電路模型化來計算，在量子類比電腦上就以量子現象取代。

這種量子現象就是「量子退火」（quantum annealing）。所謂的「量子退火」是透過量子漲落（指任意空間內少許的能量變化，且該能量會在極短時間內消失）的特性，擁有能在多組候選解答中找到解答的能力。1998 年，東京工業大學的教授西森秀稔，與當時還是研究生的門脇正史提出了使用這種量子現象的「量子退火式量子電腦」。

這種量子電腦的優點在於**能在短時間內求出最佳解**。使用電子數位電腦進行求出最佳解的運算，需要進行數量龐大的運算，但量子退火式量子電腦能以觀測取代這些運算。

換句話說，在頻繁進行「求出最佳解」的機器學習中，可透過使用量子退火式量子電腦，更有效開發出更優異的人工智慧。

不只是機器學習，例如「旅行推銷員問題」（推銷員欲以最低成本到各地推廣業務之最佳路徑）或「背包問題」（想在背包裡裝入最大價值行李的最佳順序）等，都可以期待使用量子退火電腦，找

出使用於需要各種龐大運算的問題最佳解。

量子退火是一種類比的根據

讀到這裡，有些讀者或許會覺得：量子電腦明明是最尖端的科技，使用的卻是類比方法，感覺很衝突。

不過量子退火式量子電腦屬於類比電腦，其實是很顯而易見的事情。

再次從量子回到「古典」。過去之所以較常使用類比電腦而非數位電腦，是因為有些應用程式必須計算大量的微分方程式。

譬如飛行模擬器（飛機的操縱訓練裝置），以當時電子數位電腦的計算速度來說，將有大量計算無法在模擬器運作所需要的時間區間內完成。

舉例來說，在操縱桿傾斜的 0.1 秒內，如果無法完成機體相應傾斜度的運算，那麼操縱訓練裝置就不會跟著動作。因此，必須在電子類比電腦上建構大量與微分方程式等效的電子電路，藉由觀測電子電路的現象求得計算結果，使得操縱訓練裝

置能在必要的時間內做出傾斜的反應。

　　量子電腦也能帶來類似的好處。

　　機器學習頻繁進行必要的運算，為了大幅提升運算速度，必須觀測與求得最佳值之操作等效的量子現象，而能做到這一點的，就是量子電腦。

　　這點證明了量子退火式量子電腦就是類比電腦。

　　當然，如同飛行模擬器混合了電子數位電腦與電子類比電腦，人工智慧的高速化，也應該藉由結合了電子數位電腦與量子電腦（量子類比電腦）的混合式（hybird）電腦實現。

　　所謂的混合式電腦，是由電子類比電腦或量子電腦與電子數位電腦組成的，前者負責主要運算，後者負責整體系統的準備與輸出結果等附屬功能。

Quantum thinking

等不及要實用化的
「量子數位電腦」

量子位元交織疊加的狀態

重點6

或許有點難，
但還是以一知半解的原則，
來看看量子數位電腦的原理吧！

　　介紹完源自於量子退火式的量子類比電腦後，接下來就簡
單地說明更重要的量子數位電腦吧！

　　電子數位電腦是現在電腦的主流，這種電腦的原理是以 0
與 1 的位元來表現與操作電路。

　　至於量子數位電腦的原理，則是以「｜0＞」與「｜1＞」
所表現的量子位元操作名為「量子閘」的量子電路。

　　接下來的說明將變得更複雜，但**請不要想得太難，總之掌**

握一知半解的原則，快速看過去就好。

　　一般的 2 進位（0 與 1）是大家在日常生活中都會接觸到的普通數字，但以「｜0 ＞」與「｜1 ＞」表現的量子位元並不是普通的數字，而是用來表現量子處在某個狀態的「向量」，稱之為「括量」。

　　光是聽到「向量」，腦袋就已經變得一片空白嗎？請等一等再變得空白吧，各位不妨回想一下國中理化課學到的「靜力平衡」，其中就有「以箭頭表示的向量」。

　　就是用「→」表現的那個。

　　當時的我們應該很單純地就接受了「→」表示某種擁有「方向與大小」的力吧？量子思考也一樣，是找回人人與生俱來、很單純，且未遭到恐懼侵蝕的思考法。

　　如果用數字取代圖像以表現向量的話，會使用 2 個數字。

　　首先，將箭頭的起始點放在 X, Y 座標的原點（0, 0），若箭頭尖端所在處可以用座標（X, Y）來表示，那麼該向量就能以（X, Y）來表現。換句話說，「向量就是由 2 個數字組合而成的某種量」。

｜0＞是（1, 0），｜1＞是（0, 1）的 2 次元向量。因為標示的關係，這裡用橫式的「行向量」來表現，不過這類括量通常會寫成直式的「列向量」。

$$｜0＞是 \begin{pmatrix} 1 \\ 0 \end{pmatrix}、｜1＞是 \begin{pmatrix} 0 \\ 1 \end{pmatrix}。$$

向量、內積……總之可以先跳過

附帶一提，「＜0｜」與「＜1｜」也已被定義，稱為「包量」。和括量不同，包量通常寫成橫式的行向量，「＜0｜」是（1, 0），「＜1｜」是（0, 1）。

至於包量與括量之間、稱為「內積」的運算，則定義為＜a｜｜b＞。

若：

$$＜a｜＝(a_1, a_2)$$

$$｜b＞＝\begin{pmatrix} b_1 \\ b_2 \end{pmatrix}$$

那麼內積的定義就是：

$$< a \mid b > = a_1 \times b_1 + a_2 \times b_2$$

我們可以把正中央的 2 條直線簡化成 1 條。根據這個定義
進行的計算如下：

$$< 0 \mid 0 > = 1 \times 1 + 0 \times 0 = 1$$

$$< 0 \mid 1 > = 1 \times 0 + 0 \times 1 = 0$$

$$< 1 \mid 0 > = 0 \times 1 + 1 \times 0 = 0$$

$$< 1 \mid 1 > = 0 \times 0 + 1 \times 1 = 1$$

「包量」（bra）與「括量」（ket）的名稱源自於英文的
bracket（帶尖角的括弧）。將「〈」稱為 bra，「〉」稱為 cket，
是保羅・狄拉克（Paul Dirac）的巧思，而他也是為量子力學的建
構帶來極大貢獻的人物。

具備線性代數知識的讀者應該可以理解，因為這樣的運算
和你們已經熟悉的「向量內積」一樣。而你們應該也很容易就
知道< 0 |與| 1 >、< 1 |與| 0 >分別正交。

至於不知道什麼是線性代數的讀者，只要這麼想「內積結果為 0 的向量，稱為彼此正交」就可以了。所謂的「正交」，指的是這兩個向量完全不相似，至於內積結果是 1 的向量，則彼此相似。

那麼以括量表現的量子狀態則寫成：

$$\alpha\,|\,0>+\,\beta\,|\,1>\,（\alpha\text{和}\beta\text{為複數})$$

這條公式所代表的意義是，量子狀態既不是 | 0 > 也不是 | 1 >，而是 | 0 > 與 | 1 >「疊加」的狀態。

換句話說，以電路表現的電子數位電腦而言，它的 0 與 1 是確定的數（純量）；但以量子電路（量子閘）操作的量子狀態，則透過 α 與 β 決定 0 與 1 的「比例」。此時的狀態既不是 0 也不是 1，而是 0 與 1 的疊加。

這個部分也只要「好像懂」就很夠了！

當然，在「α｜0＞＋β｜1＞」中：

若 α ＝0，

就會變成「0｜0＞＋β｜1＞＝β｜1＞」；

若 β ＝0，

就會變成「α｜0＞＋0｜1＞＝α｜0＞」的狀態。

順帶一提，「α｜1＞」與「β｜1＞」的大小雖然不同，仍視為相同狀態；「α｜0＞」與「β｜0＞」也一樣，雖然大小不同，但視為相同狀態。

α ＝0 且 β ＝0 則視為「沒有狀態」，但除非有興趣，否則現階段可以無視。

接下來，將針對我們的主題「量子數位電腦」進行快速的解說。

換句話說，
「量子電腦」超乎想像地厲害！

比起理解這些原理，更重要的是，**量子電腦能利用這些原理，透過稱為「量子閘」的量子電路操作量子的「疊加狀態」，**

實現「彷彿在一次運算中同時進行多筆運算般」的量子平行運算。

　　說得再簡單一點，**那就是量子電腦能透過操作「量子閘」**這種量子電路，同時進行超乎我們想像的龐大運算。

　　這就是量子數位電腦其高速性——將原本需要花費 1000 億年處理的資訊，縮短到只要幾個小時就能做完——值得期待的根據。

量子電腦到底有多厲害？

從 1000 億年縮短到數小時

掌握量子數位電腦的運算能力！

目前為止，我們已經盡量簡單地說明了量子電腦的原理。最後這個階段或許會變得稍難一點，但我想各位能藉此看見比現有科技更進一步的未來。

接著我們就來看看，如果量子數位電腦真的發明出來，會是多厲害的技術。

第 1 次閱讀時，
只要有「好像很厲害」的感覺就夠了

1994 年，美國貝爾研究所的數學家彼得・秀爾（Peter Shor）

發現了整數的因數分解演算法，自此之後，量子數位電腦的高速性就更加備受期待。

後面的章節會再解說什麼是演算法，總之，請想成「為了達成某個目標狀態所進行次數有限的步驟」。我想大家都聽過，電子數位電腦中也有「程式設計」這項人為作業，而透過這項作業得到的結果就是「程式」。

演算法是程式的骨幹，某個程式必須有「為了達成某個目標狀態所進行次數有限的步驟」為基礎，才能達成目標並結束運算，因此程式脫離不了演算法。

話題再回到「整數的因數分解」，隨著整數的位數增加，計算時間也變得更多。舉例來說，即使擁有目前最高速的電子數位電腦，計算 1 萬位數的整數因數分解，仍需要大約 1000 億年的時間，相當不切實際。

這項特徵保證了目前網路上所用公開金鑰加密方式（加密時使用公開金鑰，解密時需要私密金鑰）的安全性。換句話說，若想破解公開金鑰加密法，需要長達 1000 億年的龐大運算，使得這種加密方式幾乎不可能被破解。

但如果是量子數位電腦，只要使用秀爾的整數因數分解演

算法，即使是 1 萬位數的整數因數分解，也只要幾個小時就能
運算完畢。

因此，如果量子數位電腦被發明出來，前面所說的公開金
鑰加密法，只需要幾個小時就能破解，我們就得面對個資安全
難以保證的狀況。

話雖如此，並不需要對量子數位電腦的發明感到擔心。

因為量子數位電腦雖然能破解公開金鑰加密，但也同時發
展出量子密碼的技術。

換句話說，加密法的發展，應該比破解技術更進步，所以
沒有擔心的必要。

這代表「整體技術水準提高」了

說到這裡，雖然我想跟各位介紹一下這些技術的理論基礎
「量子糾纏」（quantum entanglement），但為了說明典型的「Bell
狀態」與「GHZ 狀態」，必須先解釋括量的張量積……偏離主
題的說明就如滾雪球般越滾越大，因此這裡就先略過不提。

有興趣的人，請務必翻閱量子電腦的相關入門或圖解書籍，

試著挑戰理解更詳細的說明。

雖說是挑戰，但事實上就是把 0、1 與虛數單位 i 這 3 種符號依某種順序兩兩相乘，只要不把這樣的計算當成數學，而是想成某種符號操作，即使是不熟悉數理科目的讀者，一定也能看得懂。

讀完後，各位想必就能理解，**可望為日後社會帶來莫大影響的量子電腦有多麼驚人。**為了拓展視野，建議各位務必挑戰看看。

Google 達成的「量子霸權」

理解最尖端量子電腦的發展

量子電腦有機會大幅縮短運算時間，讓那些複雜到若使用目前的電腦，將非常曠日費時的運算實際計算出來。而這樣的量子電腦，正朝著實用化的目標穩步進行研究開發。

其中，IBM 與 Google 尤其致力於量子數位電腦的開發。

以我寫這本書時相對較新的話題為例，**Google 已在 2019 年 10 月宣布他們達成了「量子霸權」**（quantum supremacy，量子計算優越性）。

簡而言之，「量子霸權」的意思，就是量子數位電腦的運算能力，已經超越全世界現有性能最佳的超級電腦。

根據詳細報告指出，利用量子的平行運算處理，只要 200 秒就能解完超級電腦需要 1 萬年才能解出來的計算，使得量子電腦的高速性越來越讓人期待。

雖然量子電腦仍有一些待解的課題，但從一些新聞中可以窺見，邁向實用化之路的準備日益齊全，是今後必須持續關注的課題。而**量子電腦普及於日常生活中的未來，想必也不是那麼遙遠。**

目前為止，我們介紹了數位式與類比式這 2 種量子電腦。希望大家務必掌握以下重點：**這 2 種量子電腦各有擅長之處，能解決的問題也不一樣。**

仔細關注量子電腦相關新聞，能使你的參考架構更加充實，成為量子思考的成長催化劑，而這些新聞也會成為幫助你洞悉未來的材料。建議各位多多關注，繼續敏銳地接收相關資訊。

可以用量子力學定義
自我意識嗎？

「意識」從何而來？

我們來思考量子力學能做什麼

　　目前為止，我們已經以量子電腦為題材開啟了量子力學的大門，以｜０＞狀態與｜１＞狀態「疊加」這種「違反常識」的量子行為記述為基礎，介紹了實現中的量子電腦入門知識。

　　接下來將繼續延伸到機器與人工智慧的話題，探討量子力學與「自我意識」的關係。

　　或許有些人一聽到「意識」或「自我意識」之類的詞彙，馬上就會拒絕：「這種話題，你就留到心理學、哲學或神祕學雜誌去討論吧！」

　　儘管在以前，「無論別人身在何處，都能知道他所在位置

的系統」「即使置身於地球的兩側，也能進行無延遲的視訊會議的系統」之類的東西很可能會被當成神祕學的主題，但目前已陸續在現實中實現，成為日常生活的一部分。

　　過去被認為異想天開的技術，正接二連三化為現實，此時更不應該以「這是神祕學的主題」為由，將「自我意識」之類的話題拒於千里之外，而是應該將這個話題視為參考架構的一環，靈活地向外拓展。就像我一直建議的，請各位依然用「一知半解」的態度，輕鬆地探討意識的話題吧！

　　開場白變得太長了，在這裡我想討論的是**「自我意識與量子的關係」**。

　　首先，請各位想想看，我們平常感受到的「意識」是什麼？

　　大致上來說，「我」由 2 個部分組成，分別是「我的身體」與「我的心智」。在此，請先只把注意力擺在「我的身體」。

　　現在的你正看著某個東西，正聽著某個聲音；或許正聞著某種氣味，也可能並沒有特別聞到什麼；口中或許正嘗著某種味道，或許並沒有特別嘗到什麼。

　　你身體的某處或許正覺得痛、癢、冷、熱，也可能和氣味或味道一樣，沒有什麼特別的感覺。但至少身體的某處，一定

有觸碰到什麼的感覺吧？

就像這樣，我們身上的感官能接收來自外界的刺激，身體也會因為接收到來自內側的刺激，覺得餓了，渴了，或是想上廁所。只是身體內側的刺激並不只是單純的感覺，而是已被賦予「餓」或「冷」等「意義」。

當然，感官也能立刻賦予所接收到的外界刺激某種「意義」，譬如聲音有可能是「電視的聲音」「蟲鳴的聲音」，氣味有可能是「咖哩的香味」，味道有可能是「剛才舔食的糖果餘味」，觸碰到的可能是「滑鼠的堅硬質感」等。

這時候，**你會用「我」這個主詞來表現這一連串感受、認為這是意識主體的「我」所進行的動作嗎？或者你只是單純地在「觀測」呢？**

接著，我們把注意力擺在「我的心智」。

或許你心裡正浮現出這樣的想法：

「這個作者沒完沒了地盡寫一些無聊的內容，這一章更是特別無聊。」

這個念頭或許正導致你的心情開始變得有點差，說不定還有一股衝動讓你想立刻闔上這本書。

或者剛好相反，你心裡湧現的想法可能是：

「作者所寫的內容很有趣，而且這一章讀起來和前面不同，後面似乎會越來越有意思。」

這或許讓你的心情變得有點愉快，甚至有股欲望讓你想快點往下讀。

和前面一樣，這時我們要問這些問題：

這時候，**你會用「我的心智」這個主詞來表現這一連串感受、認為這是意識主體的「我」所進行的動作嗎？或者你只是單純地在「觀測」呢？**

做為意識主體的「我」只是在觀察

慶應義塾大學系統設計與管理研究所的前野隆司教授，提出了「被動意識假說」。簡單來說，這個假說就是每個人以「我」為主詞所表現的「我」此一意識主體，只不過是「某種被動的事物」，而不是我們平常感受到「主動的主體」。

「我」（＝我的心智）並不是我的「指揮中心」，單純只是觀察發生在我身上（＝我的身體＋我的心智）種種現象的「觀測者」。

之所以會在前面詢問各位：這是「我」所進行的動作，或者只是單純在「觀測」，就是基於這項假說。

我彷彿可以聽見這樣的意見：

「請等一下！退一萬步來說，就算被動意識假說是對的好了，在我當中的『我』，還是會做一些更主動的動作，譬如動動手指吧？」

但已有實驗結果顯示，事實並非如此。

這是加州大學舊金山分校班傑明・利貝特（Benjamin Libet）教授所進行的實驗，並於 1983 年發表論文。若想知道實驗詳情，各位可以自行上網搜尋，這裡只介紹結果。

大腦對手指肌肉發送「動動手指」訊號的時間，比心裡產生「想動動手指」的時間還快上 0.2 秒。

簡而言之，**在大腦發出「動動手指」的訊號後，內心才立刻產生「想動動手指」的想法。**

換句話說，我必須很遺憾（或許也沒那麼遺憾）地告訴各位，不是「我當中的『我』主動想動動手指」，而是我觀測到大腦對手指肌肉發出「動動手指」的訊號，才匆匆忙忙地（但延遲時間長達 0.2 秒，或許也沒那麼匆忙）覺得「我當中的『我』主動想動動手指」。

　　說得更極端一點，即使沒有主動的自我意識，「我」也會擅自行動。那麼為什麼會產生被動意識呢？關於這點，確實有思考的必要，因此容我為各位說明。

　　各位或許會覺得關於自我意識的話題已經離量子很遠，但請再稍微讓我聊聊這個話題。

如何打造擁有自我意識的人工智慧？

　　為什麼會產生被動意識呢？根據前野教授的假說：

　　「為了執行能讓人記住經驗的『情節記憶』，需要做為情節主詞的主體。」

　　根據前面的說明，做為意識主體的「我」，只不過是觀測

了自己擅自行動的結果，卻誤以為「我做了這個動作」「我有這種感覺」「我是這麼想的」。

之所以這樣想，是為了記住「我做了這個動作」「我有這種感覺」「我是這麼想的」等情節。

近年來，許多科學家致力於開發人工智慧，其中最困難的部分就是「意識主體」或「自我意識」。

該透過什麼步驟，才能讓人工智慧擁有自我意識呢？我認為，「被動意識假說」將為解決這個課題帶來極大貢獻。

過去為了讓人工智慧擁有自我意識，而把重點擺在建構類似「指揮中心」的方法上，不過最後都失敗了。

但如果以被動意識假說為根據，那麼只要將執行各部分功能的要素集合在一起，再打造單純觀測各功能要素輸出結果的「觀測者」即可。

那麼該如何打造這個「觀測者」呢？在這裡終於進入主題：量子力學在這方面展現出莫大的可能性。

量子力學無限
且跳脫常識的可能性

　　目前為止，我從「意識是什麼」為主題，介紹自我意識說不定只是個「觀測者」的假說，並提出如果想讓人工智慧擁有自我意識，或許只要打造出「觀測者」即可的想法。

　　接下來，就從量子力學的角度切入，探討這個「觀測者」的本質。

　　前面已經解釋過了，量子的世界裡，存在著「既是│０＞，也是│１＞」的疊加態，而量子電腦能在同時間執行多項運算。

覺得一頭霧水的讀者，
接下來也可以跳過去！

　　「薛丁格的貓」就是關於疊加態的知名比喻。

　　假設在一只安裝著機關的箱子裡有隻貓，這項機關會根據量子的狀態決定是否釋放毒氣：如果量子狀態是│０＞，毒氣

就會釋放；如果是｜1＞，則不會釋放毒氣。其實只要打開箱子，就能知道裡面的貓是死還是活；但若是不打開箱子，貓的生死就處在尚未決定的狀態。

量子的波束會在「觀測者」打開箱子「往內看」的那一瞬間收斂，決定量子的狀態是｜1＞還是｜0＞，也決定了毒氣是否釋放，而貓的生死也隨之決定。

以上說明在量子力學的領域中被稱為「哥本哈根詮釋」。

還有另一種相對的概念稱為「多重世界詮釋」。

雖然我們打開箱子時，發現貓已經死了，但同時還有另一個貓仍繼續活著的世界。

根據多重世界詮釋的說明，「這個我」與「這個自我意識」只不過偶然置身於貓死掉的世界，但貓在其他世界中也可能還活著。

換句話說，在另一個貓仍活著的世界裡，存在著「另一個我」與「另一個自我意識」，只不過那個我不是「這個我」。

目前還沒有人能證明到底哪種詮釋才是對的，我在這裡當然也無法斷言。不過身為多重世界詮釋派的我，確實覺得世界存在著無限多條分支，既有我們所在的這個世界，也有其他的

平行世界。

　　舉例來說，你的意識目前在這裡，是因為自我意識這個「觀測者」存在於量子狀態是｜１＞的宇宙。其他還有量子狀態為｜０＞的宇宙，那裡存在著另一個自我意識，但因為置身不同宇宙的緣故，所以無法與置身於｜０＞宇宙的「這個自我意識」取得聯繫。這就是多重世界詮釋的說明。

　　我們在此刻這一瞬間存在於相同的宇宙。

　　但如果假設構成這個宇宙的量子總數是 n，那麼這個宇宙在下一瞬間，就會分裂成「2 的 n 次方」個宇宙。換句話說，在這一瞬間，雖然構成此宇宙 n 個量子中的每一個，狀態都可能是｜０＞或｜１＞，但在下一瞬間，這些量子還是會一個個變成這樣的疊加狀態：

$$\alpha\,|0> + \beta\,|1>$$

n 個量子全部都發生同樣的現象。

　　假設量子的總數是 2 個，就會有以下這些組合：

$$\alpha_1 |0> \quad 與 \quad \alpha_2 |0>$$

$$\alpha_1 |0> \quad 與 \quad \beta_2 |1>$$

$$\beta_1 |1> \quad 與 \quad \alpha_2 |0>$$

$$\beta_1 |1> \quad 與 \quad \beta_2 |1>$$

以上這些組合中，α、β 後面的編號，與 2 個量子的編號一樣，代表各個量子在下一瞬間 $|0>$ 與 $|1>$ 的比例。

第 1 次閱讀時可以
跳過這個部分

其實 α 和 β 就是在說明歐拉公式時出現的複數。

無論如何，重點在於 2 個量子在下一瞬間形成 4 個，也就是「2 的 2 次方個」不同狀態的組合。換句話說，這 2 個量子在 4 個分支宇宙內，和宇宙一起分裂。

如果這一瞬間，宇宙中存在的量子數為 n 個，那麼分支的宇宙總數在下一瞬間，就會變成 2 的 n 次方個這樣龐大的數量。

構成這個宇宙的量子總數 n 接近無限大，因此 2 的 n 次方

也可視為無限大，於是產生了無限多條宇宙分支，從這個宇宙中再分裂出無限多個其他宇宙。

遺憾的是，我們再也見不到這無限多個分裂出來的自我意識；而且這個會產生無限多個宇宙的分裂，每一瞬間都在發生。

（為稍微學過量子力學的讀者補充一下，帶來上述分裂的量子，必須從排除相互之間有量子糾纏的狀態來思考。）

說了這麼多，從 20 世紀初誕生的量子力學為源頭的量子物理學，目前仍在研究當中，絕大多數的領域依然未解，因此我也只能做出這種有如預測般的說明。

我只能說，**在目前的階段，自我意識仍是尚未解明的存在。**

量子力學與腦科學，
以及邁向未來

諾貝爾獎得主所提出量子與腦的關係

關於現階段無論如何也無法說明清楚的自我意識，在學術界也展開了是否仍得靠量子力學才能解釋的討論。

就現狀來看，無論腦科學家再怎麼分析大腦，都無法找出自我意識。人工智慧的終極目標也是打造相當於「觀測者」的自我意識，但就現階段來說，連線索都無法掌握。

再加上，開始有人認為：

「古典物理學不是也無法說明自我意識嗎？」

這句話也讓人窺見「觀測者」的本質，或許就隱藏在從古典物理學延伸出來的量子世界中。

因進行黑洞相關研究而獲頒 2020 年諾貝爾物理學獎的英國數學暨理論物理學家羅傑・潘洛斯（Roger Penrose），提出了「量

子腦理論」，認為量子力學與腦內的訊息處理有很深的關係。

各位如果拿起他的著作閱讀，就會發現他擁有的正是跳脫常識的量子思考。

因為他主張：

「大腦不是古典物理學的現象，如果從量子力學的層次觀察腦細胞，應該可以發現量子力學式的構成規律，而這種規律正是創造自我意識的根據所在。」

雖然這個主張不過是假說，終究沒有離開推測的領域，但隨著量子物理學研究的進展，想必總有一天能了解其真偽。

目前許多主張仍離不開假說與推測的範疇

雖然不知道會是幾年後或幾十年後，不過一旦自我意識的機制能透過量子力學說明的時候到來，就代表人類進入了能讓人工智慧擁有自我意識的大革新時代。原本只能在電影或小說中看見、無法以現代常識描述的世界，終於被賦予現實的形體。

「擁有自我意識的人工智慧」讓人聯想到在科幻電影《2001太空漫遊》中登場的哈兒9000（HAL 9000），以及其他類似的

人工智慧或機器人等。人類因這些人工智慧或機器人發生叛亂而手忙腳亂的未來，即使真的發生，也不足為奇。

你能否想像這種「沒想到」的時代？能否從現在開始為這樣的時代做準備？一切都取決於你能否建立量子思考。

量子也能剖析神祕學？

我們剛剛從「自我意識」這個與科學幾乎完全相反、近乎哲學與心理學的觀點討論了量子力學。

量子力學，以及正持續發展的量子物理學，就像這樣被寄予厚望，人們期待能藉此解答現階段無法回答的問題。

這個世界之所以充滿了未解之謎，或許正是因為大家只想靠古典物理學的力量找出答案。

自我意識是未解之謎的代表，許多腦科學家都為此絞盡腦汁。當我們對自我意識的理解更加深入的時候，這些無法靠古典物理學解釋的事物，或許也終將被破解。

這也表示，平行世界、超能力、心電感應、幽浮、氣功……等目前沒有明確科學根據，包含可疑的神祕學說在內、評價兩

極、討論沒有交集的現象，說不定都能靠著援引量子物理學來理解。

我想關於這個主題差不多該畫下句點了，但最後還是要提出我的想法：我認為，量子電腦發明出來後，前面所提到「對多重世界存在的理論性解釋」將獲得證明。

換言之，從理論上來說，「無限多部電腦在無限的宇宙中進行運算」說不定也是可行的。這樣的運算儘管使用的是數量有限的量子態，但或許最後能證明它是否能以數量有限的量子閘來實現。

這件事將如何改變我們的生活呢？或許也只有量子思考才能知道吧！

搶先一步理解
量子力學的祕訣

接觸一些關於量子物理學的書籍或節目時，會看到許多讓人不禁懷疑自己有沒有看錯的敘述與說明，總覺得「怎麼可能會有這種事情」。從量子存在「既是 | 0 ＞也是 | 1 ＞」的疊加狀態開始，就是一連串不可思議的大車拚。

當然，發現量子力學的契機，是人類在 20 世紀初開始察覺，有些現象無法使用古典物理學說明。

為了說明這些現象，許多天才物理學家因此發展出了量子力學。

描述這方面歷史的書籍已經多如牛毛，本書就不再贅述，**本書想強調的是，這些天才物理學家不受限於常識的發想，正是本書想介紹、嘗試的量子思考。**

有些讀者看到我這麼說，或許會以為我連前面介紹的參考架構都想打破，但我的意思絕非如此。

雖然這終究只是「我的感覺」,但儘管量子力學的知識,以及從中衍生而出的量子思考占據著參考架構的一角,但絕不會與過去腳踏實地累積起來的古典概念互相對抗。

請容我事先聲明,如同本章一開始告訴各位的,量子的世界無法憑常識理解,是跳脫常識的世界,但同時**也沒有完全否定過去的古典思考**。

正因為如此,即將活在未來的我們,必須利用量子力學與量子物理學將大腦升級,藉此形成更豐富的參考架構。

量子力學也是古典物理學的延伸

就如同前面提過的,量子物理學也是古典物理學的延伸。接著將為喜愛物理學的讀者,從 20 世紀初的物理學發展開始說明。

說到 20 世紀初的物理學發展,非得提到愛因斯坦的「相對論」不可。

我想也有很多讀者知道,相對論分成狹義相對論與廣義相

對論 2 種。

特殊相對論以「邁克生—莫雷實驗」證實的「光速不變原理」為基礎，說明時間流逝的速度、空間的距離等，將隨著觀測者與測量時間或距離的工具之間的速度差，呈現相對的量。

在日常生活中，無論搭乘速度多快的飛機或火車，其速度與光速相比都微不足道，因此我們感受不到時間的延遲或距離的縮短。

但儘管如此，也不能完全無視。

雖然是國中程度的說明，
但第 1 次閱讀時可以跳過。

舉例來說，各位使用「GPS」衛星幫手機定位時，就必須根據特殊相對論進行校正。

此校正計算的基礎轉換式稱為「勞倫茲變換」，公式是這樣的：

$$t' = \frac{t - \frac{vx}{c^2}}{\sqrt{1 - \frac{v^2}{c^2}}}$$

$$x' = \frac{x - vt}{\sqrt{1 - \frac{v^2}{c^2}}}$$

$$y' = y$$
$$z' = z$$

這個公式既沒有微分也沒有積分，確實是個國中程度的平凡公式沒錯吧？其中的 c，就是不變且恆定的光速。

至於 t、x、y、z，是與你一起移動的（座標上的）時間與位置；t'、x'、y'、z' 則是和你以相對速度差 v 移動的（座標上的）時間與位置。

牛頓將古典力學體系化時，所思考的時空稱為「絕對空間」。在這整個宇宙中流逝的時間都是一樣的，只要以某個點為原點，設定長寬高，也就是 x、y、z 的座標，就是一個擁有固定值的時空。

這樣的說明符合一般常識，聽起來莫名安心吧？

假設正搭乘高速火車的你要把蘋果拿給隔壁座位的人，雖然距離很近，你依然選擇用丟的。這時，如果有名少年在軌道旁的屋子裡，隔著窗戶看到你丟蘋果的這一幕，他所見到的蘋果會如何移動呢？

　　我想，也有很多人知道答案。從少年的角度來看，蘋果看起來就和火車一樣，以時速 200 公里的速度朝著前進的方向奔馳而去，在空中移動的距離也比座位之間的距離要長。沒錯沒錯，就是這樣，太好了。你是否撫著胸口、有種放心的感覺呢？

　　但這麼一來，也代表著在火車上的你眼中所見的蘋果和少年不一樣，是否可以因此稱為「相對」呢？

　　確實可以。

　　不過，在絕對空間內，只有速度不同的觀察者之間才能察覺彼此的相對運動，這稱為「伽利略相對性原理」，其轉換公式就稱為「伽利略變換」。

　　觀察以下的公式也能發現，既沒有出現光速 c，時間也沒有改變，只能看見如上述說明般的轉換。

$$t' = t$$
$$x' = x - vt$$
$$y' = y$$
$$z' = z$$

這才是讓人安心的公式,但請不要忘記,這種確認「是否打破常識」的習慣,就是量子思考。

前面曾提到量子物理學的基礎方程式之一——薛丁格方程式。如果要將這個方程式套用在即使與光速相比,運動速度也無法忽視的量子上,可不能原封不動地使用。

我們必須修改這個方程式,使其即使相對於勞倫茲變換也能具有協變性(或稱「共變性」),最後得到的是「克萊恩—戈登方程式」與「狄拉克方程式」……不過這裡就點到為止。

前面也介紹過,量子物理學已發展出量子場論(第2量子化),但更進一步的內容遠超過本書介紹的範圍。

最新的宇宙物理學也能透過量子思考解讀

愛因斯坦的另一個相對論「廣義相對論」,則是一種「時

空扭曲」的理論。

越靠近大質量星體的空間，越會產生扭曲，這個扭曲的空間將使原本應該直線前進的光，看起來就像轉了個彎一樣。由於我們可以看見此星體背後的其他星體，因此可知廣義相對論是正確的。

此外，最近也觀測到廣義相對論所預測的「重力波」，更加確定了廣義相對論的正確性。

「重力波」指的是空間的扭曲彷彿波動般在宇宙空間中傳播的現象。

我想到了這個地步，各位應該越來越了解到，我們不能再緊抓著牛頓將古典力學體系化時所想出的「絕對空間」這種符合常識的世界觀。

「全新事物或狀態出現的速度或許會越來越快。」請各位務必秉持這樣的想法，而這也是我之所以建議各位採取量子思考的理由。

現在的量子物理學，正以融合愛因斯坦的「廣義相對論」

為目標，活躍地進行「超弦理論」與「量子重力理論」的研究。

在腦中的參考架構留一個空間給量子物理學，就等於吸收比原有學問更進一步升級的新學問。

就現狀來看，這樣的腦內升級，很難透過量子物理學以外的領域完成。

我想各位由此也能知道，一知半解掌握量子力學的重要性。

刻意放棄語言

再強調一次，最重要的是要有**把不懂的事物原封不動吸收的覺悟**，也必須將這點刻印在腦內的參考架構中。

量子物理學盡是一些不可思議的話題，終究無法以平常的語言描述。所以我希望各位不要將量子物理學當成語言的參考體系，而是做為一種「印象」收納在參考架構裡。

過去形成的參考架構，雖然也以語言、印象或五感之一的嗅覺、味覺等多元形式累積，但無疑地仍以語言為中心。

至少，即使是印象或五感，都是能以語言描述的古典參考架構。

但這次希望大家刻意擴張的量子物理學領域，必須超越古典思考才有辦法記述，**因此我建議各位刻意放棄語言，挑戰以印象的方式吸收。**

關於這方面，最好的方法還是接觸容易以印象掌握的圖解書或動畫等，徹底執行一知半解的原則，透過你自己的解釋，納入腦中的參考架構。

量子世界的話題，就連其存在本身都很不可思議。**放棄「想化為文字」「想對別人說明」等堅持，就可說是覺得自己好像懂，並擴充參考架構的第一步。**

第 5 章

透過「量子思考」
解讀商業與科技的現在與未來

Quantum thinking

第 4 典範：
大數據改變了世界什麼？

目前為止，我介紹了 Google 天才們的故事、「量子思考」這種更接近這些天才的思考法，以及「參考架構」與「量子力學」等學習這種思考的工具。

雖然我不是天才，但有自信能透過「參考架構」摸到「量子思考」的一鱗半爪。因此，接下來就由我來為各位讀者分析可說足以指引方向的現狀，並介紹今後值得令人期待的發展。

後來才補齊理論的大數據解析

首先介紹科學研究法的新典範。

「典範」是科學史上一項很特別的概念，最早是由科學史家湯瑪士·孔恩（Thomas Kuhn）在 1960 年代提出的。

不過也因為這個概念的定義模糊，因此至今仍有討論的餘地；但我想將典範解釋成「代表科學史上某個時代或時期的科

176　量子思考

學發展框架」，應該沒什麼大問題。

以下的內容將以這種程度的解釋為前提進行，並從中尋找能在新時代勝出的線索。

曾任職於 IBM、DEC、微軟等知名電腦公司的電腦科學家詹姆斯·格雷（通稱吉姆·格雷，Jim Gray）博士，在 1998 年獲頒有「電腦科學界諾貝爾獎」之稱的圖靈獎。這位格雷博士在 21 世紀初提出了**「第 4 典範」**的概念，暗示人類的科學發展已經進入全新階段。

既然提出的是「第 4 典範」，代表在他眼中，人類至今為止的科學發展已歷經了 3 個典範。

首先是第 1 典範，指的是古希臘自然學典範。此一典範由被譽為「萬學之祖」的古希臘哲學家亞里斯多德集大成後，影響力一直持續到中世紀。

舉個比較好懂的典型例子，這個時代的典範憑著「經驗記述式的科學手法」理解自然，譬如「天空看起來以北極星為中心旋轉」的「天動說」，就是此一時期的典範代表。

第 2 典範則以萊布尼茲與牛頓等人發現、發明的微積分为

代表，這個時代的典範透過援用數學的「理論建構式科學手法」記述、理解自然，代表的學科是「力學」與「天文學」。

如果說，第 1 典範是經驗式的、第 2 典範是理論建構式的，那麼第 3 典範就是「以計算（computing）為科學手段」。

科學家使用超級電腦等高性能電腦，利用數值計算（先發展出一套數學模型或計算方法後，再以電腦來求解）的模擬來解析自然現象，將結果以圖像、表格、統計圖表或更加可視化的電腦繪圖表現，再透過觀察來理解複雜的自然現象。

接著，終於要進入正題。前面簡單介紹了 3 個典範，吉姆·格雷博士提出的第 4 典範，則做為取代它們的新典範登場——我想稱之為**「以大數據為基礎的科學手法」**應該沒有太大的問題。

即使在科學領域，數據也像海嘯般席捲而來，**被稱為「data centric science」（數據中心科學），或是「e-science」的全新方法因此出現，格雷博士想必是基於這樣的洞察，才提出第 4 典範的概念。**

第 1 典範的經驗記述手法，從所探究的自然現象在日常生活中反覆提供的少量數據中誕生。但現在的狀況是，**能獲得的**

數據量實在過於龐大，反而成為阻礙，導致人們無法透過經驗觀察得知全貌。

　　沒辦法，大家只好先把通常做為前提的理論放一邊，根據大數據的解析做出解釋，而後「理論才開始浮現」；也就是不強調推論的因果，轉向重視發現相關性，這種思維徹底顛覆了傳統的科學研究方法。

　　這就是第 4 典範──大數據採用的科學手法。

典範互有關聯

　　有一點希望各位不要誤會，典範是「代表科學史上某個時代或時期科學研究發展的框架」，但即使進入了下一個時期，也不代表前一期的典範就會完全變得沒用。

　　第 1 典範的方法經過修正後，仍然也應用於第 2 典範時代；更別說第 2 典範的理論建構，奠定了第 3 典範的計算基礎。

　　現在，即使邁入以數據為中心的第 4 典範時代，在第 3 典範發展出來、透過數值計算模擬理解自然現象的手法，也完全沒有消失的跡象。

這應該就像在學術領域中，對學問理解越來越深入的狀況吧？

譬如小學的自然課就是從經驗的記述開始。透過經驗，我們對月的圓缺、日出日落、四季變化等自然現象有更深的理解，並牢記在腦中，想必各位應該也是如此。

當然，現在大家都知道地動說才是正確的，因此除了觀察之外，為了幫助理解，也會加上「地球繞著太陽公轉，而地球自轉的地軸相對於公轉面的傾斜，帶來了四季的變化」之類的說明。

接著，差不多等到升上國中後，才開始在自然科使用公式，展開建構理論的數理課程。

不過，就算這些公式是透過微積分計算所得到的結果，在高中物理課也不一定會出現直接引用微積分的記述。

因為這些理論建構手法的精髓，必須等到上大學後，才會在課堂上傳授。這時候，相關科系的學生才會重新學習直接引用微積分的古典力學，以及分析力學、電磁學等。

而這種理論建構式科學手法的最高階段，就是靈活使用線性代數、偏微分方程式、傅立葉轉換等高等數學，最後抵達之處，則是量子力學。

　　也是大約從這個時候起，開始出現得不到解析解（analytic expression）的問題，而只能使用第 3 典範的數值計算來模擬的自然現象，也逐漸成為探究的對象，浮上檯面。

　　所謂的解析解，指的是在解方程式時，只靠著代數式變形就能找到的解答。

　　但有些問題光靠這樣還是找不到答案，得不到解析解。針對這些問題，只能將具體數值代入公式中的變數，靠著一點一點變換數值，一次又一次反覆計算，得到彷彿觀察現象般的效果，這就是數值計算的模擬。

　　之前在說明電子類比電腦時，曾提過「電子數位電腦在必要的運算時間內得不到答案」，這時電子數位電腦所進行的運算就是數值計算。

邁向「量子力學是商業基礎學養」的時代

總而言之，**第 4 典範**就像前面 3 個典範在各時代所扮演的角色，**無疑的將會大幅撼動這個時代；而在運用大數據時，也開始需要大幅借助量子力學的力量。**

舉例來說，想要用人工智慧來處理和計算龐大到有如天文數字的大數據，就不可能不使用量子電腦。

就這點來看，每個人在腦中存放量子力學這項全新、難解領域的相關知識，絕對不會白費力氣。

現在可說是第 3 典範的巔峰期，也就是「使用計算為科學手段」的時代，堅持不仰賴計算機器，繼續使用類比方法的人，在這樣的時代已逐漸無法在社會的最前線戰鬥。

遺憾的是，因新冠肺炎疫情而被迫展開的遠端辦公，已讓這點變得更顯而易見，雖然理解的深淺會因個人和環境而有所差異，但擁有關於電腦最低限度的知識與技術，對於一般所謂「健全的社會人士」來說，已成為理所當然的事情。

同樣的，「身為社會人士，理所當然擁有量子力學（或與之相關）的最低限度知識與技術」的時代，總有一天會到來吧？因

為如同第 3 典範一樣，第 4 典範確實指出了這一點。

我們將活在緊接而來的第 4 典範時代，因此必須擁有**「逃避理解量子力學，就等於停止邁向未來」**的認知——這是理所當然且最低限度的理解。

有些人就算讀到這裡，還是會這樣解釋：

「你這些話是對理科人說的吧？」

我必須事先聲明，認真說起來，大數據還是從商業領域開始普及的。

我有預感，除了一般所謂的理工學門，即使在其他領域，說不定大數據此一典範也將成為其他學科的全新科學方法，且變得更加成熟。

計算機
果然只專精於計算！

「計算」到底是在做什麼？

前面從概念的部分展開第 4 典範的說明，接下來會透過更具體的主題，讓大家理解以下這件事：

「新的典範已經近在眼前（或說已經啟動）了！」

所謂「具體的主題」，就是各位從小到大都離不開的「計算」。

聽到「計算」這兩個字，你的腦中會浮現什麼樣的程序呢？

我想，大家腦中最先浮現的，應該是像一般的算數，也就是整數、小數與分數之類的四則運算。這正是第 3 典範中，交由電腦進行的「數值計算」基礎，可不能只因為是單純的計算而不放在眼裡喔。

接著，你可能還會聯想到國中數學課裡，透過代數式變形而求出答案的計算作業。前面也介紹過，這種透過數學式所得

到的答案，稱為「解析解」，與數值計算得到的解不同。

透過數值計算獲得的解是數值；但透過代數式變形所得到的解析解，有可能是數值（例如解代數方程式），有可能是數學式（例如透過因式分解或解微積分），也有可能是函數（例如解微分方程式，其結果仍以數學式呈現）。

那麼，電腦上的「計算」是什麼意思？

那麼，接下來要討論的話題是，在電腦上如何進行「數值計算」與「代數式變形」這兩種不同的「計算」呢？

大家都知道，電腦也被稱為「計算機」，所以不難理解，只要將計算機原本就具備的加減乘除的命令寫進程式裡，就能進行數值計算。總之請各位先接受這樣的解釋。

至於代數式變形，則使用 1960 年代開發的「電腦代數系統」來計算。

舉例來說，「Maxima」就是個任何人都能輕鬆使用的知名代數系統，可從網路上免費下載到自己的個人電腦裡。這套系統除了可以計算因式分解與微積分並得出數學式，也可以計算

微分方程式並得出函數，還可以將加減乘除的運算當成代數式變形來處理，並得出計算結果。

或者也可以將 sin(x) 與 cos(x) 等三角函數的 x 代入數值，計算出該函數的值。當然，只要將 sin(x) 微分，就會變成 cos(x)；將 cos(x) 微分，就會變成 -sin(x)，這是代數式變形也能辦得到的事，而且這才是主流的使用方法。

對數學沒有太大興趣的讀者或許會覺得「聽了霧煞煞」，但總之，**這是一種非常便利的工具，能夠進行以代數式變形為中心的困難計算。**

話說回來，我在前面關於典範的說明中曾提到：
「而這種理論建構式科學手法的最高階段，就是靈活使用線性代數、偏微分方程式、傅立葉轉換等高等數學，最後抵達之處，則是量子力學。大約從這個時候起，開始出現得不到解析解的問題，而只能使用第 3 典範的數值計算來模擬的自然現象，也逐漸成為探究的對象，浮上檯面。」

Maxima 也不免將遭遇「得不到解析解的問題」這項極限。

諸如量子化學計算與分子模擬等、各種以求得近似解來取代解析解的數值計算手法，就是為了克服此極限而開發出來的。

　　附帶一提，「量子化學」在化學中屬於較新的領域，試圖透過從量子力學所獲得的見解為基礎，理解化學現象。

　　雖然我不會深入探討這些內容，但在這次的脈絡中，不得不介紹以下兩種能一窺數值計算堂奧的不同方法。這 2 種方法分別稱為「全始計算」（ab initio calculation）與「半經驗計算」（semi empirical calculation）。

　　「全始計算」也稱為「第 1 原理計算」，意思是完全不使用由實驗等方式所得到的數據進行計算。

　　至於「半經驗計算」，指的是在計算過程中，根據實驗數據而將某些函數用經驗常數替代，以減少計算量。

　　像半經驗計算這樣的趨向也稱為「數據內化」。在自然科學領域中，近年也開始試圖活用透過實驗與觀測中大量取得的數據。

　　源自於第 3 典範的計算方法，可說是朝著第 4 典範的「數據中心科學」或「e-science」發展的一個象徵。

人工智慧也只不過是反覆計算罷了

無論是第 1 原理計算或半經驗計算，都需要進行龐大的數值計算，能使用超級電腦是最理想不過的。

但說老實話，要建立一個能輕鬆使用超級電腦的環境，是很難實現的。

於是，將原本電腦中用在影像處理的圖形處理器（graphics processing unit, GPU）做為「通用圖形處理器」（general purpose GPU, GPGPU），就成為代替超級電腦的方法而受到矚目。

GPGPU 受到矚目的契機，源於 GPU 主力廠商 NVIDIA 的強力支援，甚至開始提供透過 C 語言整合、適合 GPGPU 的軟體開發環境「CUDA」（compute unified device architecture，統一計算架構）。

GPGPU 不只能應用在量子化學計算與分子模擬等各式各樣的數值計算，也能應用在人工智慧的運算上；而人工智慧正因為深度學習（deep learning）的成功迎來第 3 波熱潮。

換句話說，我們絕不能忽略這項事實：**乍看之下，人工智慧的深度學習似乎是某種優雅的應用，但終究不過是龐大的數值計算罷了。**

　　2016 年 3 月，人工智慧 AlphaGo 挑戰韓國的職業棋士李世乭，取得了 4 勝 1 敗的成績，但實際上進行運算的，是 1202 顆 CPU 與 176 顆 GPU。讓這些電腦全速運轉的龐大數值運算，理所當然地在對局中即時進行。

　　我們再稍微仔細地來看對局中的深度學習處理。深度學習的基礎是算出神經網路節點間的加權值，且計算會在決定下一手之前就先進行。

　　這項加權值是根據從棋譜中取得的龐大資料所計算出來的。所謂的「深度學習」，就是這種最新的機器學習過程。

　　雖然領域不同，但這裡不也出現了在第 4 典範中「數據中心科學」或「e-science」發展的趨向性嗎？

　　附帶一提，AlphaGo 後來仍持續改良，現在的版本已經是第 5 代，取名為 AlphaZero。處理系統使用了 5000 顆 Google 自

行開發的張量處理器（tensor processing unit, TPU）以取代 NVIDIA 的 GPU。

AlphaZero 於 2017 年 12 月發表，戰勝目前最頂尖象棋與西洋棋人工智慧所花費的時間，分別是 2 小時和 4 小時。無論是 GPU 還是 TPU，都以有效率地高速進行積和式計算為目標而設計。所謂的積和式計算，指的是當數值排成一列時，將幾個同行但不同列的數字（譬如第 1 行、第 2 行、第 3 行……第 n 行……到最後第 N 行）先相乘再依序相加的計算。

前面介紹的向量內積，就是 N=2 的積和式計算，而這個「$a_1 \times b_1 + a_2 \times b_2$」就是積和式計算的最小例子。

在第 4 典範下「正確」的生活方式

前面介紹了超級電腦、人工智慧（深度學習）等背負著次世代希望的計算機，展開了稍微深入一點的探討，但最後我想告訴各位的就只有一件事：**「計算機終究只是計算機。」**

只要打開蓋子往裡頭看，就會發現這些次世代計算機所做的事情，不過就是大量且反覆進行四則運算與代數式變形計算——我們在學生時代早就練習過的數學。

或許人工智慧與機器人看起來就像依循著經驗法則，並在自己的思考下行動，但它們只不過是一心一意地進行平凡的數值計算罷了。

這表示，**在某項特定作業上，即使人工智慧與機器人看似發揮了優於人類的作業效率，卻不等於人類就此敗給了機器。**

不過，第 1 原理計算藉由將大數據內化，朝向半經驗計算發展，除了顯示第 4 典範來臨的徵兆，也提示我們在第 4 典範下該選擇何種生活方式的線索。

既然計算機只專精於計算，那麼設計其計算過程的，當然就是人類了。

深度學習是人工智慧的基礎，而這項手法也透過人類的雙手，日復一日地嘗試繼續發展。對機器下達命令的程式設計師，在第 4 典範的世界裡，依然蘊藏著大顯身手的可能性。

物聯網帶來的
生產性消費者時代是什麼？

物聯網，解讀未來的關鍵

IoT，也就是「物聯網」，就像這幾個字所表現的，連上網路的物品逐漸增加。在你我的生活中，藉此理解物聯網的機會應該也變多了吧？

我差不多在 2008 年——在 IoT 成為熱門話題前很久——就開始提到 IoT 了。當然，那時候完全無法從周圍得到任何正面反應，獲得的只有「這個人好奇怪」的目光。

但無論 IoT 是否已滲透你的生活，許多人看待我的態度開始轉為好奇：

「為什麼你在那麼久以前，就能預言 IoT 的普及呢？」

我之所以能獲得這種彷彿預言者般的技能，當然源自於本書中為各位說明的量子思考。

現在不但已出版許多關於 IoT 的書籍，雜誌也製作了特輯，市面上還出現了一些以「能連上網路」做為號召的實際產品。

我想，即使不特地做什麼具體說明，各位應該也已經有充分的認知。依照慣例，想進一步了解相關知識的讀者，請自行上網查詢。

在此將介紹 IoT 通常不太會被提及的特殊面向，請各位當成解讀未來的線索。

這個特殊面向，就是 **IoT 將帶來生產性消費者（prosumer）的時代。**

德國與美國的國家戰略

生產性消費者也可稱為「產消合一者」。這是個將生產者與消費者組合在一起的新字。未來學家埃文·托佛勒（Alvin Toffler）在 1980 年出版的著作《第三波》中預言了新型態的生活者，並賦予了這個稱號。在理解上，各位可以想成是「參與產品企畫、開發、製造的消費者」，並容我接著說下去。

首先，網路無疑地幫助了生產消費者的崛起。

隨著我們邁入 IoT 時代，消費者與製造者的距離變得更近，建構以生產性消費者為經濟中心的時代，將更有機會到來。

可視為其契機的大型運動，近年來也在德國與美國展開。

發生在德國的運動被命名為「Industry 4.0」，這是官民一體的國家戰略，也被翻譯成「第 4 次工業革命」。

明明沒有用到「revolution」這個字，卻被翻譯成「革命」，據推測可能是因為後面跟著「4.0」這個數字。

如各位所知，人類至今經歷了 3 次工業革命，既然加上 4.0 這個數字，當然就是第 4 次工業革命了。

順帶一提，工業革命的契機是蒸汽機的發明，帶來的是第 1 次工業革命。

接著，第 2 次主要是以電力的大規模應用為代表。

第 3 次則是由電腦扮演重要角色的資訊革命。

簡而言之，由於 Industry 4.0 可形容成「徹底使用 IoT」的計畫，因此讓人覺得是資訊革命的延伸，但德國視其為「全新階段的新型態工業革命」，並傾全國之力投入。

事實上，日本也對德國提出的革新方向表示贊成。2017 年 3 月，當時的首相安倍晉三與經濟產業大臣世耕弘成，在德國的漢諾威與德國首相梅克爾及經濟部長簽署《漢諾威宣言》，

宣布「德日攜手推動第 4 次工業革命」。

至於美國邁向 IoT 時代的運動，則命名為**「工業網路」**（Industrial Internet）。

內容與德國的運動幾乎相同，但美國的命名並未跳脫電腦扮演重要角色的資訊化革命框架，使得「工業網路」終究只是第 3 次工業革命的延伸。由此也可一窺美、德兩國在戰略上的微妙差異。

我想**美國之所以只把 IoT 時代視為資訊化革命的延伸，不外乎是因為他們想承襲 Apple、Amazon、Google 等矽谷網路霸主的策略先例，透過建構等同於業界標準（de facto standard）的平臺獲得成功。**

至少，在實現生產性消費者時代的過程中，美國的網路霸權將無疑地扮演重要角色。

進入生產性消費者時代的課題

無論是第 4 次工業革命也好，工業網路也好，這些運動想實現的新型態「製造」，不外乎是以有競爭力的成本，製造出

能充分反映最終消費者要求與嗜好的產品。

這不是指多品種少量生產等、過去早就多次嘗試過的亂槍打鳥策略。

如何使用足以和同品種大量生產競爭的製造成本，生產提供給特定最終消費者的客訂商品，正是邁向生產性消費者時代必須解決的課題。

說得更直接一點，為了削減製造成本，工廠想必將以連接IoT 的機器或機器人為中心，成為幾乎無人的「智慧工廠」；連結供應鏈的物流，想必也將因為自動駕駛的卡車等工具而邁向無人化。

就連供應鏈本身，也必須轉變為能充分反映最終消費者要求與嗜好的流程；換言之，就是必須轉型為「需求鏈」。

無論如何，智慧工廠與物流，無疑地都將盡可能朝著無人化的方向邁進。因此，我們無法否認一般稱為藍領階級的勞動者，將逐漸失去受雇的機會。

各位或許會覺得很奇怪，前面不是說「在某項特定作業上，即使人工智慧與機器人看似發揮了優於人類的作業效率，卻不等於人類就此敗給了機器」嗎？但很遺憾的是，現實中仍會出

現一些不適用這句話的人，他們將被迫陷入不合理的處境。

這些人不限於藍領階級。即使是被歸類為白領階級的職種，如果只是從事單純的事務作業（非常抱歉，我的說法有點失禮），譬如將單據內容輸入電腦螢幕上的某個欄位，或將螢幕上某個欄位的內容複製到其他欄位，現在都可用統稱為「機器人流程自動化」（RPA）的一連串應用程式取代。

由此可知，**第 4 次工業革命帶來的社會不一定美好**，我們必須將這點牢記在心。

解決這個問題的其中 1 個方法，就是最近成為話題的全新社會保障制度「基本收入」，詳情容後再提，我先繼續說下去。

前面曾說過，生產性消費者是「參與產品企畫、開發、製造的消費者」。

埃文・托佛勒預見的全新生活型態，是第 4 次工業革命或工業網路發展的結果。就「參與」這層意義來看，這樣的結果或許仍停留在間接的位置，但依然可以期待這樣的生活型態將逐漸確立。

前面也曾告訴各位，矽谷的網路霸主或許將是帶來生產性

消費者時代的重要角色，這個「間接的位置」就是我的依據。

　　這是因為他們已經站上最有利的位置，能間接結合企畫、開發、製造等程序，創造出消費者真正想要的商品；某種程度上來說，最能貼近消費者的，除了這些網路霸主，別無他人。

　　當然，儘管他們是網路霸主，但在製造業方面依然經驗有限，這是他們無法避免的弱點。

　　在此也必須補充，即使就彌補弱點的意義來看，我們也必須關注他們對於跨足自動駕駛的汽車產業的合作及參與。

　　因為汽車產業是規模龐大的製造業，對這些網路霸權來說，可是具有讓人夢寐以求的魅力。

　　話題好像太過發散了，各位或許會覺得「就算真的是這樣好了，我也不知道該怎麼做啊」。簡單來說，我想告訴各位的是，**IoT 正逐漸帶來堪比工業革命的重大變革**，並希望**各位對此有所自覺**。以此為基礎，再次思考自己的將來與今後的發展，絕對不會是浪費時間的事。這時候所需要的，就是量子思考所帶來超乎常識的發想。

關於「ICT」的 2 種教育：
理解與活用

「資通訊科技」所改變的教育環境

接著，我們也從教育層面來談談，做為以量子思考為基礎、開啟新時代的線索。

這裡要討論的，是正在評估是否該在義務教育階段就導入「活用 ICT 的課程」。所謂的「ICT」也稱為「資通訊科技」，是「資訊科技與通訊科技」的略稱；而「活用 ICT 的課程」指的當然就是在中小學廣設電腦及網路。

以日本為例，2019 年 12 月，政府決定推動「GIGA 數位校園計畫」。

GIGA 指的是「針對所有人的全球化與創新入口」（global and innovation gateway for all）。換句話說，「GIGA 數位校園計畫」，就是提供所有接受義務教育的學生一個相當於「入口」的機會，

帶領他們接觸全球化與技術革新。

具體來說，就是「使用年度預算，發給所有接受義務教育課程的學生個人電腦或平板電腦，並在全國中小學所有教室建置能連上網路的 Wi-Fi 設備」。

這裡的個人電腦只規定「凡採用蘋果的 iOS、Google 的 Chrome OS 或微軟 Windows OS 中任何一種作業系統即可」，機種的選擇則交由各級政府教育主管單位決定。

而為了達成「活用 ICT」的目標，當學生把發給他們的電腦設備帶回家後，也得能連上具備充分頻寬的網路才行。這時，由於每位學生家中的經濟狀況各有不同，使得網路環境差距很可能成為數位學習的阻礙；畢竟在家的學習，將成為「翻轉學習」（後面會再說明）成功與否的重要條件。

換句話說，**不能對於各家庭的網路環境差距置之不理。**

我曾聽過，在電力供應仍不穩定的國家裡，有些學生為了在晚上也能念書，甚至得跑到路燈下，才有足夠的光源。

因此，地方有必要一併建設可（免費）提供 Wi-Fi 服務的環境，而我也聽聞有些地方政府採取了實際行動，免費提供經濟弱勢家庭的學生使用行動網路分享器（俗稱 Wi-Fi 機）。

利用 ICT 實現的翻轉學習

當然，並不是只要配發個人電腦、透過 Wi-Fi 連上網路，今後的教育就能高枕無憂。

這只不過是發下工具而已，教育接下來才開始。

下一個階段必須準備的是電子教科書。這意思並不是像市面上的電子書那樣，將現有的紙本教材原封不動製成「能在電子裝置上閱讀的紙本教科書」。**要想實現真正的「e 學習」，電子教科書必須以能自由運用文字、影片、圖片為目標。**

我所謂「真正的『e 學習』」，指的就是以**「理解」**為主的學習。舉例來說，不只是記住「分數的除法，就是把除數倒過來後，再將兩者相乘」，而是希望學生能自由使用電子教科書上的文字、影片、圖片以幫助理解。

培養真正「國際化人才」的待解課題

到此為止，我以日本為例，說明了 ICT 在教育上的應用。或許有些人讀了之後會覺得困惑：「你跟我說這些也沒用啊。」

但接下來才是正題，也就是幫助下一個世代邁向「新日常」的因應對策。

為了趕上歐美先進國家，長期以來的國家教育政策都著眼於如何有效率地記住正確答案。只要能比別人記住更多正確答案，就會被稱讚是優秀又聰明的好學生。

但現在所謂的「國際化人才」，追求的目標卻完全不同。

教育必須大幅轉向，以「培育能發現問題，且即使不知道問題有無正確答案，依然絞盡腦汁尋求解答的人才」為目標。

這樣說來，就算不要求學生記住「分數的除法，就是把除數倒過來後，再將兩者相乘」，而是給他能自由運用文字、影片、圖片的電子教科書來幫助他理解，**依然不符合「能發現問題，且即使不知道問題有無正確答案，依然絞盡腦汁尋求解答」的目的。**

為什麼呢？因為電子教科書的內容應該由「問題」構成。

譬如：「你覺得分數的除法該如何計算？」

或是：「有人說，計算分數的除法時，只要把除數倒過來相乘即可。你覺得為什麼會有這種說法？」

這就是「翻轉學習」的出發點。

翻轉學習是先提出類似這樣的問題或課題，讓學生先在家

裡學習、思考，再將思考的結果帶到下一堂課發表。這樣一來，他們就能體驗解答的多樣性，或是即使想到相同的答案，過程也是五花八門，**使他們親身體會「答案不只一個」**。

「翻轉學習」或「主動學習」是全新的學習型態，以實現「協同學習」為目標，譬如多樣性的表現、分享，以及伴隨而來的質疑。

在翻轉學習中，學校老師所扮演的，不再是過去單方面傳授正確答案的角色，而是無論面對面上課或線上課程，都能靈活運用科技的指導者、引導者或輔助者。

電子教科書也不該只是拋出問題給學生，教師使用的版本更應該要準備豐富的短文、短片、圖片或其他媒材，輔助老師扮演全新的角色。

這種前所未有的教育大改革，想必會帶給第一線的老師重大負擔。

想要讓教育現況真正翻轉，我想大概得傾盡全國之力，才有辦法稍稍減輕他們的壓力吧。

另一方面，如果各位有仍就讀中小學的子女或弟妹，該如

何面對這些開始接受翻轉教育的孩子呢？

請擺脫「把正確答案背下來就好」「一定有正確解答」的陳腐觀念，不要再受過去那種填鴨式教育的束縛，以跳脫常識的態度面對他們。我想運用量子思考應該能有所助益。

任何人都能立刻開始的「新時代教育」？

接下來必須思考的是認識 ICT 的教育。

說得直白一點，就是「認識電腦的教育」。

前面也已從幾個不同角度討論過這件事，而所謂「認識電腦」，意思是理解「電腦必須要有人類寫的程式才能運作」。

除了必須讓學生認識電腦運作的原理、學習簡單的電腦程式，還必須體驗如何靠自己寫的程式指揮電腦運作。

這些都是為了培養下一代「我才不會輸給電腦」的意識。

更進一步來說，應該是「我才不會輸給電腦組成的機器（以機器人為代表的智慧機器）或人工智慧」的意識。

幫助學生萌生這樣的認知，也是認識 ICT 教育的其中一項重要目的。

我認為，以上提到的這些創新教育，以及「我才不會輸給電腦」的氣魄等，並不是只有孩子才需要，**對於大學生與社會人士來說，也是不可缺少的認知。**

　　舉例來說，如何運用小學生能理解的方式，對他們說明「分數的除法，就是把除數倒過來後，再將兩者相乘」，也是了解自己的參考架構有何不足之處的絕佳機會。

　　這樣的思考必定能讓你再次驚訝地發現，自己一直以來所接受的教育，就只是死板板地把「分數的除法，就是把除數倒過來後，再將兩者相乘」這種不知所云的法則，當成正確答案背下來而已。

　　如果你身邊也有開始接受新式教育的中小學生，請務必透過這些孩子，一窺翻轉教育的端倪。

　　當你擁有更多體悟、發現更多新課題後，自然就會知道為了克服這些課題，自己該怎麼做。

　　這是即使在出社會後仍必須持續的一項重要實踐，這麼做絕對能幫助你培養自己的量子思考。

該對機器的「智慧化」
感到恐懼嗎？

「機器將搶走人類的工作」這句話，有一段時間成為大家熱烈討論的話題。

生活周遭確實也在不知不覺間出現搭載人工智慧功能的機器，而且逐漸變成維持日常運作的全新基礎。我們應該無法否認，原本屬於人類的工作，將在今後的數年，或是數十年內，逐漸被人工智慧取代。

剛才雖然說「今後的數年，或是數十年內」，但意思絕對不是告訴大家可以樂觀地認為「接下來這幾年，工作還暫時不會被機器取代」。因為**工作隨著人工智慧進步而被搶走的狀況，可大致分成 2 個階段**。

智慧化的第 1 階段：工作被其他人搶走

第 1 階段是**「隨著人工智慧的進步，工作被其他人搶走」**。

我們不可忽視 ICT 的發展，尤其不可忽視網路以全球性規模急速普及。現在有許多可在網路上作業的職業與職種，使得在地球上任何角落都能工作的情況變得可能。

這些職業與職種的老闆在雇用員工時，當然會透過網路尋求相對廉價的勞動力，就業機會因此急速流向薪資較低的國家。

比如你打算透過電視購物買東西，於是拿起電話撥打訂購專線；或者撥打客服專線，詢問買來的商品該如何使用、商品故障相關問題。這時，儘管接起電話的客服人員說著一口流利的國語，也不代表他就在國內的辦公室。

位於菲律賓的客服人員接起美國消費者投訴吸塵器故障的電話——這種事早就不足為奇了。

而因為新冠肺炎疫情的蔓延，使得遠端／居家辦公逐漸變成常態，更加速了這樣的趨勢。

遠端辦公帶來的影響包括以下幾點：

1、**總公司設在哪裡**沒有太大的意義。

2、**不需要所有人同時進辦公室**，因此，就算辦公室的面積不足以容納所有人也無所謂。

3、**辦公室不需要有固定座位**；或者說，座位**無法固定**。

4、員工手上就算有紙本資料，也沒有固定的位置可收納，因此**只會保留電子檔**。（除非是法律規定需要以紙本形式保存、保管的文件，至於這類文件，只要由管理部門保管在辦公室特定場所即可。）

5、員工只要**在方便的時間、偏好的地點遠端辦公即可**，不需要是自己家，也不需要總是在同樣的地方。

6、這麼一來，評估員工績效與報酬的方式免不了轉為**成果主義**；更進一步來說，或許會變成**按件計酬**。

7、允許**經營副業**的企業變多；員工有可能不只是從事副業，甚至開始擁有**「複業」**。

8、其中某些副業可能是「零工」（gigwork）。有些人或許認為所謂的零工是「短時間可完成的簡單工作」，但一般認為，最早的零工是**「以高價承攬需要高度技能（專業技能）的零碎工作」**，這當然也是論件計酬。

9、**企業必須準備好支援以上這些全新作業型態的資訊系統**，絕不能落於人後。如果企業無法以靈活的雇用型態搶奪這些具備高度技能（專業技能）的人才，必然會失去競爭力。

智慧化的第 2 階段：工作被機器搶走

第 2 階段是**「隨著人工智慧的進步，工作被機器搶走」**。

結合人工智慧與機器人技術的機器稱為「智慧機器」。市面上可以看到的自主機器人（執行任務時有高度自主性，不需要人為控制的機器人）、加速邁向實用化的自動駕駛車輛等，都屬於智慧機器的一種。這些機器連上網路形成 IoT，並透過電腦控制。

如果配備人工智慧的自動駕駛車普及，計程車與卡車司機很可能會失去工作；如果搭載人工智慧的機器人能做的事情增加，那麼企業應該就不再需要雇用清潔人員、警衛、工友等作業人員了吧？

說不定人工智慧的影子也逐漸逼近你所從事的工作，正等著取代你的業務，而你也正或多或少感受到危機。

我在介紹第 4 次工業革命時，也提到這樣的狀況。

但我認為，這種「人工智慧將搶走人類工作」的見解，對「人類的工作行為」看法太單一。如果從多元性的角度深入探討，或許也能得到**「人類的工作不可能完全被人工智慧搶走」**的結論。

工作的定義正在改變

哲學家暨思想家漢娜‧鄂蘭在著作《人的條件》中，將「人類的工作行為」分成以下 3 種。

第 1 種是**勞動**。說得白話一點，就是人類為了謀生而工作的行為。

從工作的理由來看，大多數讀者的工作或多或少都符合「勞動」。前面介紹過、代理單純事務作業的 RPA（機器人流程自動化）也被稱為「數位勞工」，不免讓人感慨這個名字未免也取得太妙。

第 2 種是**「志業」**。志業和勞動不同，不一定是為了謀生，相較之下對社會的貢獻度較大。

譬如運動選手、藝術家、研究者、醫師與學校的老師等；當然這些職業也有勞動的部分，他們從事這些職業也必然是為了謀生，但相較之下，還是含有較多可稱為志業的成分。

最後則是**「行動」**，簡而言之就是政治性的活動。政治家是代表性的「行動」職業，但普通人討論政治、投票、參加遊行、成為候選人、參加選舉運動等行為，也屬於行動。

以上這 3 種「人類的工作行為」中，**最有可能被人工智慧搶走的，絕對是為了謀生所不得不從事的勞動。**

很遺憾的，我必須說，現在專門從事勞動工作的人，在不久的將來很有可能因人工智慧科技的發達而遭到解雇。

在此，我希望各位仔細思考一件事：**人類到底該不該對人工智慧可能搶走勞動工作的未來感到悲觀呢？**

即使人工智慧取代人類從事勞動，我們仍保有志業與行動這兩種工作行為。譬如熱衷於創意工作、專注於研發新技術、從事需要證照的師字輩工作、積極參與政治等，就現狀來看，人工智慧還很難模仿人類從事這些具創造性的作業。

縱使部分志業與行動領域的工作行為，在未來的某一天能被人工智慧取代，但我想暫時來說，全部被取代仍是不可能的。

從這個觀點來看，在不久的將來，人類將因為人工智慧的活躍，不需要再從事字面上的「勞動」工作了。

今後將不再是「人工智慧害得工作被搶走」，而是**「多虧了人工智慧，才能從勞動中解放」**，或許這才是正確看待 AI 時代的方式。能夠這麼想，正是發揮量子思考的絕佳典範。

現在更應該討論「基本收入」的理由

話說回來，這時出現了一個問題。

如果人工智慧搶走了「勞動」的工作，那麼在許多專門從事這些工作的人當中，就會有人找不到新工作，也就是找不到能從事的新勞動。

我們不難想像：直到昨天都還以某項勞動維生的人，即使接受職業訓練，也可能因為年齡或其他因素無法順利找到新的勞動；而且這種情況很可能經常發生。

人工智慧的崛起為工作行為帶來如此重大的變化，甚至稱得上是**「資本主義終結的開端」**，或**「資本主義開始邁入新的階段」**。「工作就是藉由從事勞動獲得金錢以維持生活」的概念，正逐漸面臨被徹底顛覆的局面也說不定。

透過量子思考，讓我們擁有跳脫常識的見解，並能切實感覺到這樣的新時代即將到來。

隨著人工智慧的發展，我們開始能看見舊資本主義的終結與新資本主義的開端。但在這種時候，該選擇什麼樣的生活方式才好呢？

我先從結論說起，那就是只要建立能把「不勞動」當成選項的社會即可。

其中一項最近經常被拿出來討論的對策，就是「全民基本收入制度」。

如果在這裡詳細介紹這項制度的話，就會脫離正題，因此表過不提，想知道詳情的讀者請上網查詢。簡單來說，凡是還存活著的國民，其個人帳戶每個月都會收到一筆一定金額的款項。

「無條件獲得生活所需的收入」**乍看之下偏離常識，但這樣的制度在未來的 AI 時代卻非常合理。**

只要能實現基本收入制度，任何人都能在不工作的情況下獲得最低限度的收入，即使被人工智慧搶走勞動性的工作，也不用擔心生活陷入困境。

加拿大與北歐已有些地方實驗性地導入基本收入制度，相關制度在日後想必會更加成熟吧！

在此先不討論這種制度是否真的有可能實施，但我想說的是，隨著基本收入制度這類過去未曾出現的社會安全網登場，

未來即使選擇不以勞動維生的人生，也不足為奇。

　　人類總有一天將從勞動中解放。換句話說，我們當然可以期待在日後邁向將勞動交給人工智慧負責的世界。

　　這麼一來，為了追求高收入而一心一意從事勞動的人、致力於志業或行動的人、只靠基本收入保持最低限度溫飽的人、不從事勞動只做自己喜歡之事的人……這些人共存並處也不足為奇的社會，日後將逐漸形成。

　　或許有些讀者會驚訝地覺得「怎麼可能」，但現階段我可以斷言，我所預測的未來有相當高的準確度。

　　當然，人類或許需要 100 年、200 年的轉型期，才能邁入這樣的全新階段。畢竟從資本主義誕生到演變成現在這樣的形式，也過了將近 300 年。

終　章

量子思考創造的未來

盡量嘗試新事物吧！

　　在本書的最後，想跟各位聊聊，該以什麼樣的心態靈活運用量子思考這項可靠的武器，在越來越動盪的時代生活下去。

為什麼會「跟不上時代」？

　　不知道大家有沒有這種感覺：政府機關面對全新的挑戰時，總是莫名消極。公務機關數位化的腳步總是慢吞吞的，也總是要一拖再拖才肯革除陳舊陋習。看在眾人眼中，大致都會給人一種「你們終於開始動了」的感覺。

　　政府機構之所以對新的挑戰興趣缺缺，很可能是因為「沒有先例」「改變太大、牽涉太廣」「害怕失敗」這種以「禁止」為原則的慣性。

　　有一種說法是這樣的：ICT 世界過的是「dog year」。

dog year 直譯就是「狗年」，也就是狗的時間尺度。狗的 1 年相當於人類的 7 年；換言之，ICT 產業的 1 年，相當於其他產業的 7 年。由此可知 ICT 進步、變化的速度有多快。

明明 ICT 世界的變化如此之快，卻因為「以禁止為原則」的慣性而白白浪費時間，什麼都要評估觀察再討論，落後於世界也只能說一點都不意外。

更別說 ICT 對其他產業影響甚大，數位化進程的落後將導致其他產業也因此跟著落後，結果變得更加惡化。

整個國家都必須**盡早脫胎換骨，從「以禁止為原則」這種害怕改變的閉塞狀態，轉變為「以允許嘗試為原則」這種敏捷且充滿勇氣的狀態。**

「過去理所當然的事情，現今已理所當然不再適用」的時代，因為新冠肺炎疫情的蔓延一口氣到來。由於現行的做法很可能已完全過時，對疲於應付新時代的我們來說，「以允許嘗試為原則」是不可或缺，也是人們能透過疫情「因禍得福」的可能法。

凡是源自於量子思考、那些誰也想像不到、出人意表的創意，我們都應該基於「允許嘗試」的原則歡迎並推動它們，讓它們有機會成為新的標準。

為了建立這樣的環境，不論是**具備量子思考、精力旺盛的年輕人**，或是**支持他們、允許他們嘗試、具備或認同量子思考的監督者**，兩者缺一不可。

拿出力量者得勝

自 2003 年 4 月開始，我在 Google 這家屬於年輕人的公司工作了近 8 年時間；離開後，我也光明正大地持續站在**「支持年輕人」**的立場。

說不定年輕人會覺得很困擾，也說不定同世代的人會批評我「裝年輕」，但今後我仍想繼續給予年輕人支持。

畢竟無論在哪個時代，年輕人都會在心裡某處吶喊：

「我要禁止『禁止』這件事！」

這樣吶喊著的年輕人可能沒有注意到，這種主張是所謂的「說謊者悖論」，他們讓自己成為說著「所有克里特人都說謊」的克里特人。但活在這種危險的悖論中是年輕人的特權，也成為他們的力量泉源。

我所說「支持年輕人」的真意，就是**「支持活在此悖論中的年輕人」**，因為**「我想要保護年輕人的力量泉源」**。

這正是現今社會僅存的希望之一。無論我的說法是對是錯，**未來絕對屬於年輕人**。

第 1 章也簡單提過，我在 Google 任職的時候，當時的執行長艾立克・史密特曾對我說過下列這段話：

「Google 的年輕員工全都既優秀又勤奮。工作交給他們就可以了。我們這些老人的任務，就只有保護他們、避免他們重蹈覆轍，再度犯下過去電腦產業不斷犯下的錯誤。」

至今仍讓我露出苦笑的是，艾立克比我年輕 10 歲，當時也才 45 歲左右而已，再怎麼樣都稱不上「老人」。

附帶一提，這時具體浮現在我腦中的，是過去曾服務過的 DEC 這家公司成功與凋零的過程。

這個過程就是技術導向企業容易陷入的「非我所創症候群」與「猴子陷阱」。

「非我所創症候群」指的是過度相信自己公司的技術，不

願意肯定其他公司創造出來的技術、創意或產品的傾向。

至於「猴子陷阱」，則是將誘餌放進開口小到猴子的手勉強能伸進去的容器，猴子一旦伸手進去拿取誘餌，就無法將手抽出來，使得猴子因此被抓走的陷阱。事實上，猴子只要放開握住誘餌的手掌，就能馬上逃脫，但牠卻不願意放棄好不容易才拿到的誘餌，所以才會被抓。

換句話說，DEC 總是緊抓住成功經驗，不願意放開，又無法肯定其他公司的技術與創意，因此必然走向凋零之路。

所幸 Google 沒有這樣的徵兆。我當時主要的工作，是在社會上「以禁止為原則」的文化，與 Google「以允許嘗試為原則」這種理所當然的觀念之間尋求平衡。

「以允許為原則」就對了

具體來說，我在 Google 扮演的角色，就是到處低頭賠罪說「造成您的困擾非常抱歉」。日本社會的奇妙之處，就在於一旦看到我這個似乎有一定年紀的美國總公司副董事長兼日本法人董事長，特地前來低頭賠罪，問題就能勉勉強強解決。

但即使原意是為了尋找平衡點而做出這樣的「微調」，我卻從來沒有選擇放棄「以允許為原則」的堅持。

一直以來，我都支持年輕人「我要禁止『禁止』這件事！」「以允許嘗試為原則」這種理所當然的想法，日後我也打算繼續堅持。

我之所以這麼做，有個明確的理由，那就是我相信：一個國家或社會，若要不落於人後、發揮出原本的實力，**讓年輕人、充滿氣魄的人放手去做，就是最快的捷徑。**憑藉著以允許為前提的原則，如果能讓這些精力充沛的人自由發揮，國家不僅能變得強盛、展現出與時俱進的態度，還能維持大幅成長，我對此深信不疑。

因此，一定以上年紀的人，或是這群精力充沛的年輕人的管理者，頂多只需要扮演從旁守護他們的角色，避免他們陷入非我所創症候群或猴子陷阱就可以了。

我稍微修改一下維根斯坦的那句哲學名言：

「凡是不可解的東西，我們就該保持沉默。」

無法閉嘴的老兵看到這句話，應該會覺得很焦慮吧，但為了國家的未來，早日退場才是最聰明的做法。

我認為，在未來需要量子思考的時代，創造者與守護者各有各的姿態。你扮演哪個角色，將視你的心態、年齡、環境而定，但簡單來說總結如下：

如果你是不懂 ICT，也覺得即使不懂也無所謂的高位者，請立刻離開現在服務的公司或團體。 雖然我不至於把話說到這個地步，但如果不懂，**至少請保持沉默，盡量不要妨礙周遭的人，尤其是比自己年輕的人。**

為了達到飛躍性成長，不能在古典力學裡故步自封。在跳脫常識才是新常識的新日常時代，可沒有閒功夫顧忌「沒有前例」這種事。

說到你必須做的事情、你能為人類與社會等帶來的貢獻，那就是抱持著「以允許為原則」的心態，下達「放膽去做吧」的指令，因為這必定是讓你所屬的組織或團隊，日後也能長久存活下去的唯一方法。

至於那些充滿挑戰精神的人，不要把精力浪費在與年長世代爭執；處理事情時，必須多動點腦筋。

換句話說，就是你必須找到平衡點，不要只想著批判、否

定那些受到古典知識束縛的人，請專注地把能量傾注在對人類
與社會等有貢獻的事情上。

只要創造者與守護者都能分別學會一點量子思考，抓住人
類歷史邁入下一個階段的機會，雙方之間就不至於產生衝突，
旺盛的精力也不會被白白消耗。

總而言之，以允許嘗試為原則。確立勇於挑戰新事物的文
化，讓年輕人的精力能毫不浪費地轉化成對世界的貢獻，這就
是終究要隨時間消逝的我心中的期望。

必須具備「不好玩就不是工作」的感覺

如同前述，隨著 ICT 與 AI 的深化，人們看待工作的方式
逐漸改變。其中最重要的，就是工作時帶著「玩心」。

在日本 Google 負責開發日文輸入系統的工藤拓與小松弘
幸，開發了「日文輸入預測轉換」這項優異的功能。

看在英語圈的人眼裡，「日文」是種相當複雜奇妙的語言。
實際上確實如此，日文的字母數量多，文字的讀法也多，組合

還很獨特……個人電腦剛普及的時候，想必也有不少人覺得海外廠商開發的輸入軟體很難用吧？

為如此複雜的語言開發預測轉換功能，想必是一項相當困難的工作。

但我至今仍忘不了，他們從事這項工作時，擅自使用部分研發經費製作了奇特的鍵盤，外型還竟然做得像爵士鼓一樣。

網路上也把這個鍵盤當成愚人節的玩笑來介紹，有興趣的人請務必上網搜尋。

他們當然也具備量子思考，並受到 Google 的精神吸引，帶著玩心從事工作。我想爵士鼓外型的鍵盤，就是這種精神的體現。

至於像我這種從旁守護的人，毫不設限地允許他們營造「不好玩就不是工作」的環境就是最重要的工作。因為像他們這樣的天才、超級菁英，最討厭的就是被人管得死死的。

不論你是否有意識要實踐量子思考，如果你無法從現在從事的工作中感受到樂趣，那麼很遺憾的，這表示你尚未將量子思考理解透徹。

如果具備量子思考，就能藉由搭上運動（movement）的潮流，充分發揮自己的能力，帶著玩心遇見能讓自己愉快從事的工作。

我在 Google 的時候，好幾次遇到需要「毫不設限地允許年輕員工營造『不好玩就不是工作』的環境」的狀況。

或許正因為是把**「必須雇用比自己更優秀的人」**當成錄取條件之一的 Google，才允許員工擁有這樣的玩心與自由吧？

懂得高等數學的人，
請加入人工智慧事業的行列

人工智慧熱潮與人才的「超」必要性

本書也即將結束，在此稍微轉換一下方向，**我想邀請稍微特別的、比別人更擅長數學的人，加入人工智慧事業的行列。**

人工智慧現在正迎接第 3 波熱潮，而且和前 2 波不同，即使只限定在單一的業務與作業，也已邁向可供實用的階段。

第 1 波熱潮的開端，是史丹佛大學在 1956 年舉行的「達特茅斯夏季人工智慧研究計畫」。

這場研討會後來被稱為「達特茅斯會議」，是史上第 1 場基於人工智慧發想的正式研討會，會中討論或許可在原本只被視為計算機器的數位電腦上，建構具備人類般的智慧，並能負責智慧性操作的程式。現在耳熟能詳的「人工智慧」這個詞，也被認為在此時正式誕生。

但後來的人工智慧研究是一段充滿挫折的歷史，這讓研究

者一次又一次地確認，要在數位電腦上建構能負責智慧性操作的程式有多困難。

　　雖然這段歷史充滿挫折，但確實有些成果從這個階段的人工智慧研究中誕生。以日常生活為例，我想也有一些讀者知道，各位平常使用自然語言（人類溝通時自然發展出來的語言）與 Amazon Alexa、Apple Siri、Google 語音助理、微軟 Cortana 等數位個人助理服務交談，就是人工智慧其中一項領域——「自然語言處理」最顯而易見的研究成果。

　　後來，陷入苦戰的人工智慧研究，也在 1980 年代、達特茅斯會議的 4 分之 1 個世紀後，迎來第 2 波熱潮。當時日本的通商產業省（即經濟產業省的前身）發起的「第 5 代電腦計畫」，開創了這股全球性熱潮的契機。

　　被視為開發目標的應用程式稱為「專家系統」，希望能夠匯聚專家的知識，由數位電腦來取代專家。而由於匯聚了專家的知識，因此也被稱為「知識基礎系統」；但又因為採用「如果……就執行 XX 動作」這種「if～, then～」規則的形式表現知識，所以也被稱為「規則基礎系統」。

遺憾的是，「專家系統」的運用範圍有限，以實現其推論機構（從複雜的前提條件，運用「if～,then～」規則推導出結論的機構）為目標的第5代電腦，也只到好不容易才成功開發出試作機的程度，最後並沒有商品化。第2波熱潮就隨著計畫的終結而結束，即使被評為「失敗」也無可奈何。

　　不過，由於第2波熱潮傾向於專注處理語言，儘管失敗，仍為自然語言的處理研究帶來莫大貢獻。

　　而機器學習，尤其是近年來在深度學習獲得的突破，帶來了這次的第3波熱潮。

　　現在書店的電腦相關書籍區已經找到許多書名中有「機器學習」「深度學習」等詞彙的書籍。我想曾翻閱過的讀者應該知道，這些書籍的內容堪稱高等數學的結晶，與第2波熱潮專注於處理語言的傾向完全相反。

　　由於是高等數學的結晶，因此第3波熱潮最擔心的其實是人才不足的問題。換句話說，機器學習與深度學習的研究者必備的高等數學素養程度太高，很難一口氣廣納人才，因此有缺乏人才的可能。

據說，全球目前從事機器學習與深度學習研究的研究者總數不過幾千人，世界級的人才爭奪戰已經展開。

　　還有傳聞說，Google 在 2014 年時，之所以用高達 4 億美元的價格，買下英國只有約 20 人的公司「DeepMind」，為的不只是這家公司開發的機器學習與深度學習技術，還有公司裡的 20 名研發人員。

　　前面介紹過的 AlphaGo 與 AlphaZero，就是 Google 旗下的這家 DeepMind 所開發的。他們最擅長的就是在深度學習中被稱為「強化學習」的手法。

人工智慧事業依舊是座寶山

　　在此，我想邀請比其他人更擅長數學的人們參與人工智慧事業。

　　比別人更擅長數學的人，譬如雖然在基本粒子物理學的領域取得博士學位，卻沒有適當的研究職缺，只能邊做博士後研究，邊在升大學補習擔任物理或數學講師勉強餬口的人；還有那些數學比別人好，在大學、研究所或企業其他領域持續學習、

研究的人。請你們務必走到書店的電腦相關書籍區，拿起書名上有「機器學習」與「深度學習」等詞彙的書來翻閱。

如果書中出現的公式就如故事般容易理解，而你也湧現想實現其目標的興趣，那麼請你務必加入人工智慧事業的陣容。

所謂的人工智慧事業，舉例來說，將人工智慧技術視為核心素養的 Metaps 公司，就在 2015 年 8 月成為第 1 家在東京高成長新興股票市場上市的人工智慧領域新創企業。

無論新舊與大小，包括 Metaps 在內的眾多企業都開始爭奪機器學習、深度學習的技術與研究人才，因此前景比其他業種更加光明。

前面提到了「你也湧現想實現其目標的興趣」，在此必須針對這句話簡單說明。

說到機器學習與深度學習等領域想實現的目標，應該就是足以稱為「人工智慧」的認知力與預測力了。其能力或許已達到凌駕人力的程度，但與人類的智慧相比，仍缺乏一項決定性要素。

那就是「意識」。我在第 4 章的結尾已針對「意識到底是什麼」的討論，闡述了概況與自己的見解。

在此，我只想告訴各位，機器學習與深度學習逐漸實現的認知與預測背後，並不存在意識到其認知與預測的「觀測者」。

我想事先聲明的是，**光是不存在意識到其認知與預測的「觀測者」，就足以證明機器學習與深度學習的認知力與預測力遠遠比不上人類。**

如果你覺得「這也無所謂。就算有這樣的限制，我還是想在正發生在機器學習與深度學習領域的大躍進中發揮所長，改善社會並提升人們的生活」，希望你務必加入。

最後再補充一點，隨著近年來腦科學研究的突破，人類意識的發現機制也終於跨越多年來定性假說的階段，正逐漸掌握定量解析的開端。或許總有一天，腦科學研究的定量成果，將進一步為開發機器學習與深度學習帶來重要的線索。

又或者會產生新的突破，讓人工智慧終於發展到幾近完美，不辜負其「人工智慧」的美名。

無論如何，我都希望比別人更擅長數學的人，務必加入這個充滿夢想的人工智慧研究行列，希望各位都能有精采的表現。

憑著量子思考
在 AI 社會存活下來

程式能力是最強的解方

在此我也想討論一下：不擅長高等數學的人，在人工智慧研究進一步發展、智慧機器大顯身手的時代擁有怎樣的未來。

我的建議是：無論學經歷如何，都應該**學習程式設計的技能**，為人工智慧崛起的未來做準備。

學生可以選修程式設計的基礎課程，社會人士可以報名坊間琳瑯滿目的程式設計入門課。

程式設計入門課的學費一點也不貴，其中也有不少免費課程，而且還有不少課程雖然免費，內容卻相當充實。

這樣的課程之所以便宜，是因為**程式設計人才已出現慢性不足的情況，無論對社會或經濟而言，培養這樣的人才都是當務之急。**

現在已有一些專門提供給國小學生的程式設計課，雖然尚未成為學校課程中的全新科目，但「科技教育」的扎根工作確實已經開始。只是這樣的教育絕對不是為了培養程式設計師（或許也抱著可能誕生天才程式設計師的期待吧），最重要的還是希望能從小培養孩子們的「運算思維」，也就是透過類似程式設計的概念來解決問題。

言歸正傳。在程式設計入門課程中，可以學到以某種程式語言撰寫程式的技能。**就如人類有許多「語言」，程式語言也有許多種，首先鎖定一種語言學到精通，是重要的事情。**

就算只精通一種語言，某種普遍的共通概念，也會在學習程式設計的過程中深植腦海，那就是**演算法**。無論哪一種程式語言，演算法都是無可撼動的絕對概念。

如同前面的說明，簡而言之，演算法就是讓電腦（與電腦控制的東西）從某個初始狀態 A，到達某個目的狀態 Z 的「有限次步驟」。

學會演算法的概念，就能認識從初始狀態 A 演變成狀態 B、狀態 C……的過程。

換句話說，這也是一種**身為程式設計師的自己，才是主宰**

電腦運作的「主角」的自覺。

　　某方面來說，寫程式就像寫小說。因為小說所描寫的也是從某個初始狀態 A，到達目的狀態 Z 的「有限次步驟」。

　　從這個觀點來看，我們也可以說，程式設計不是專屬於理工科畢業生的工作，而是所有人都能平等學會的基本技能，與體格、體質及出生環境等統統無關。

　　然而身為 ICT 業界的老兵，接下來必須稍微為自己犯下的罪過道歉。前面雖然說寫程式就像寫小說，但編寫的程式的「作者」難以留名，這已然成為業界的常態。

　　因為開發程式不但曠日廢時，工作量也非常龐大，由多位程式設計師分工完成是常態。

　　但也因為這樣的特徵，分工合作完成的程式，經常出現「組合起來時才會發生的問題或障礙」。

　　追根究柢，這種情況與其說該歸咎於各程式設計師的能力或危機管理不足，或許應該說是因為程式設計師在進行作業時，往往覺得「自己只是巨大系統的一顆小齒輪，被迫從事非常無趣、無法留名的工作」。

　　因此**我希望程式設計可以和寫作一樣，被視為一項「著述」**

的工作。

　　程式設計似乎多半被視為「工業製品」，但我覺得這是天大的錯誤。這種價值觀完全是我們這個世代創造出來的，說老實話，我只覺得抱歉，完全沒有打算針對這一點做任何辯解。

　　我想唯有建立起某種機制，讓程式被視為著作物來評價、讓設計者的名字能廣泛流傳，程式設計師的未來才會變得更加光明，也才能解決程式設計師慢性不足的問題，創造大量的工作機會。

普通的程式設計知識，就足以成為工作上的一大助力

　　如同不是所有小說家都能得到諾貝爾獎等重要文學獎項，即使擅長某個程式語言的語彙與文法，也不代表就能寫出特別優異的程式。

　　撰寫優異程式可說是與生俱來的特殊技能，有這種能力的人，才是應該與開發的程式一起名留青史的天才程式設計師，在業界當然屬於炙手可熱的人才。

　　確實，有些計畫不是天才程式設計師就無法完成；但除此

之外，當然還有其他許多計畫將在今後邁向智慧機器全盛期的過程中陸續展開。

面對日後第 4 次工業革命下更顯嚴峻的雇用環境，當然沒道理不把從事這樣的工作當成手段之一。

即使無法以程式設計師的身分獲得雇用，程式設計課程也能讓你體驗到某種自覺：**「身為程式設計者的自己，才是控制電腦的主角。」**

而這種自覺必將成為助力，就算日後人類社會進入與智慧機器比拚效率、爭奪就業機會的階段，也能避免自己徒然陷入「機器是搶奪人類工作的可怕存在」這種慘不忍睹的狀況。

我對這點有十足的把握，因此，如果有餘力，請務必嘗試學習程式設計。

前面也提過，科技教育之所以必須往年齡更小的國小學童扎根，理由之一也是為了消除孩子們「我比不上機器、電腦、人工智慧與機器人」的意識。

結語
請持續且勇敢地挑戰未來

　　無論用什麼樣的方式閱讀，我都要對總而言之讀完一遍的讀者獻上感謝之意。

　　因為就算遵循「這部分第 1 次閱讀時可以跳過」的指示跳過某些部分，這本書也涵蓋了多方主題，絕非一本容易閱讀的書。

　　當然，我想也有一些超乎筆者意料的讀者，任何一句話都沒有跳過，從頭到尾全部讀完了。

　　請容我表達對這些讀者的讚賞。

　　至於遵循我所設想方式讀完的讀者，請務必挑戰再讀第 2 次。如果這次能達成「沒有跳過任何一句話，全部讀完了！」的目標，對我而言可說是無上的喜悅。因為能做到這點的讀者，想必能「充分」理解量子思考。

　　所謂的「充分」，指的是在思考政治、經濟、社會等諸多

問題，或今後在工作與人生各種場合面臨不得不正面迎戰的事態時，能擁有更多「發現自己的思維已不同於以往」的經驗。

21 世紀的人類，正以不同於 20 世紀的形式，面對許多重大課題。我想看在這個時代的任何人眼裡，這一點都是很顯而易見的。

希望各位讀者也能運用量子思考，持續且勇敢地挑戰有關自己、家人、工作、地方社會、國家與人類社會的課題。

Eurasian Publishing Group
圓神出版事業機構
用心與你對話‧親好無限實業

究竟出版社
Athena Press

www.booklife.com.tw   reader@mail.eurasian.com.tw

New Brain 036

量子思考：跳脫常識，在沒有答案的世界裡找到自己的路

作　　者／村上憲郎 Norio Murakami
譯　　者／林詠純
發 行 人／簡志忠
出 版 者／究竟出版社股份有限公司
地　　址／臺北市南京東路四段50號6樓之1
電　　話／（02）2579-6600‧2579-8800‧2570-3939
傳　　真／（02）2579-0338‧2577-3220‧2570-3636
總 編 輯／陳秋月
副總編輯／賴良珠
責任編輯／林雅萩
校　　對／林雅萩‧柳怡如
美術編輯／李家宜
行銷企畫／陳禹伶‧鄭曉薇
印務統籌／劉鳳剛‧高榮祥
監　　印／高榮祥
排　　版／陳采淇
經 銷 商／叩應股份有限公司
郵撥帳號／18707239
法律顧問／圓神出版事業機構法律顧問　蕭雄淋律師
印　　刷／祥峰印刷廠
2022年07月　初版

定價350元　　　　　ISBN 978-986-137-374-4　　　　版權所有‧翻印必究

◎本書如有缺頁、破損、裝訂錯誤，請寄回本公司調換　　　Printed in Taiwan

真正貫穿所有學習歷程的是「思考習慣」。

這些習慣可以前後呼應，相互為用，

久而久之，就像滾雪球一樣，

你可以把自己融合批判思考、創意思考、

系統思考、數據分析等各種「思考習慣」，

搭配成你自己獨特的決策組合。

—— 李佳達 等，《全球人才搶著學！密涅瓦的思考習慣訓練》

◆ **很喜歡這本書，很想要分享**

圓神書活網線上提供團購優惠，

或洽讀者服務部 02-2579-6600。

◆ **美好生活的提案家，期待為您服務**

圓神書活網 www.Booklife.com.tw

非會員歡迎體驗優惠，會員獨享累計福利！

國家圖書館出版品預行編目資料

量子思考：跳脫常識，在沒有答案的世界裡找到自己的路／村上憲郎
Norio Murakami 著；林詠純 譯--初版--臺北市：究竟，2022.07
240面；14.8×20.8公分--（New Brain；36）
譯自：クオンタム思考 テクノロジーとビジネスの未来に先回りする新
しい思考法
ISBN：978-986-137-374-4（平裝）

1. CST：職場成功法　　2. CST：思考

494.35　　　　　　　　　　　　　　　　　　　　111007496